つまずきをなくす 小5〔改訂版〕 算数 文章題

【単位量と百分率・規則性・和と差の利用】

西村則康

実務教育出版

はじめに

「うちの子、計算はできるんですけど、文章題になるとからっきしだめで……。どうしたらいいんでしょうか？」

　このようなご相談をたくさんいただいています。本書初版は、そのようなご相談への返答のつもりで作りあげました。おかげさまで、多くの小学生に使っていただいているようで、すべての学年で版を重ねています。

　そして、このたび学習指導要領改訂に合わせて改訂版を刊行することになりました。

　小学５年生で、文章題が苦手である場合は、まずは計算力のチェックから始めてください。小数のかけ算やわり算での小数点の位置が正確であること、２けた以上の数でわるときに商を手早く見つけることができること、長さや重さの単位換算がストレスなくできること、これらの計算力が文章題を解く際の基盤になります。計算力をつけてもらうには、たとえば、拙著『つまずきをなくす 小５算数 計算【改訂版】』（実務教育出版）をご利用いただけます。

　小学５年生で、計算はできるのに文章題が苦手になる原因には、次の３つが考えられます。

① 題意を理解する前に解き始めてしまう

　問題文を読んで、「なにがわかっていて」「何を聞かれているのか」を理解する前に解き始めてしまう子どもが多いのです。小学５年生の算数では、小数をかけたり小数でわったりすることが増えてきます。「かけると大きくなる」や「わると小さくなる」というこれまでの経験則が使えず、混乱する子どもたちが増えます。

「この問題、かければいいの？　わればいいの？」と聞いてくる子どもたちは、問題の意味を理解する前に解き方を当てはめようとしてしまっているのです。

② 大切な公式は覚えておくものだということを知らない

　問題によって、「理解すればよいもの」と「理解したあとに、解き方や公式を覚えておくべきもの」があります。小学５年生あたりから、解き方や公式という知識の積み重ねの差が出始めます。ところが、子どもたち自身が、これは覚えておかなければいけない知識だと判断することは難しいのです。

③ 図や式を書くことが大切だということを知らない

　図や式は、自分が考えた筋道を表すものです。「なぜ、そうなるのか」「だったら、どうなりそうなのか」に気づいたり考えたりする習慣を身につけるために、大切なことです。解答に図や式がなく、計算だけが残っている場合は、直感的な思いつきの学習になっている危険性があります。

そこで本書では、算数の文章題を得意になってもらうために、次の3つのことに留意しました。

① できるだけ教科書に沿った文章や表現にすることで、題意の理解がスムーズに進むように心がけました。
② 覚えておくべき公式は、「ヒント」としてわかりやすく書きあらわしています。
③ ページの右側に計算欄を設けるとともに、問題ごとに「式」の欄を設けました。また、例題では、式を誘導するように心がけました。

本書が、多くの子どもたちが文章題を好きになるお手伝いができることを、心から祈っています。

おうちの方へのお願い

文章題を学習するときには、子どもの気持ちが安定していることが大切です。そして、子どもの心に、「この問題は僕に（私に）解けそう」という、ちょっとした成功の予感が芽生えれば、より積極的に問題に取り組めるようになります。

お子さんが、積極的に問題に取り組めるように、声かけの工夫をお願いします。「あなたは、ちゃんとできる子だと信じているよ」というメッセージを伝えてほしいのです。

「ちゃんと読まないから解けないのよ。ちゃんと読みなさい！」
「こんなことがなぜできないの。しっかり考えなさい！」
このような、叱責を含んだ激励は厳禁です。

そうではなくて、
「焦らずに、音読から始めてみれば。あなただったら大丈夫よ」
「まちがい、惜しかったね。考え方は合っていたのにね」
このような、ねぎらいや励ましの声かけをお願いします。また、正解できた問題について、
「解けたのね、さすが！　どのように考えたのかお母さんに教えてくれる（“説明しなさい”という詰問口調はよくありません）」というように、お子さんが説明する機会を作ることで、理解はより深まります。

2020年9月　西村則康

小学５年生のお子さんが「文章題が苦手」になってしまうケースには、主に右の３つの原因があります。どれか１つの原因によって苦手になることもあれば、いくつかの原因が重なっていることもあります。

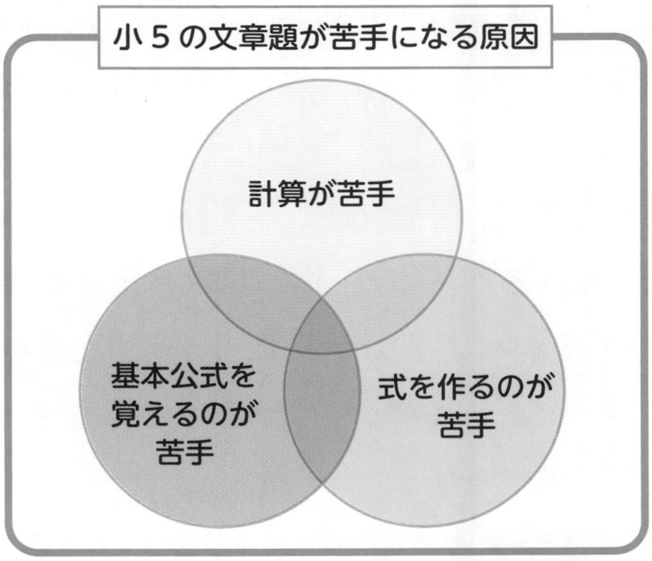
小５の文章題が苦手になる原因
計算が苦手
基本公式を覚えるのが苦手
式を作るのが苦手

計算が苦手なために文章題も苦手になっているお子さんについては、「つまずきをなくす算数」シリーズの『つまずきをなくす 小５ 算数 計算【改訂版】』（実務教育出版）を用いて、まずは計算力を確実にしていくことをおすすめいたします。

「計算はできるんだけれど……」というお子さんは、本書を通じて「基本公式を覚えるのが苦手」「式を作るのが苦手」を克服してください。

本書の各単元は、「つまずきをなくす説明（例題）」「確かめよう（練習）」「ためしてみよう（チャレンジ）」の３部構成となっていますが、どのページも直接本書に書き込むことができますので、ノートや計算用紙の準備とスペースを必要としません。考えることや覚えることだけに集中することが可能な教材です。

ページの右側に計算欄を設けてありますので、そこに筆算などの計算を書くようにすると、もし問題をまちがえた場合でも、「式を立てまちがえた」「計算をまちがえた」といった、まちがいの原因がすぐにわかります。

まちがえた原因を、お子さん自身の力で発見できるようになれば、力がついてきている証ですから、ご指導にあたられては、「惜しかったね。まちがえた原因が、式なのか、計算なのか、見つけられるかな？」というように、声をかけてお子さんを励ましながら、苦手克服へとお導きいただければと思います。

本書の各単元は前述のように、「つまずきをなくす説明（例題）」「確かめよう（練習）」「ためしてみよう（チャレンジ）」の３部構成となっています。標準的な使い方は、以下のとおりです。

✲つまずきをなくす説明…例題演習を通して単元の学習テーマを身につけるページです。この単元での学習テーマに不安がない場合は、次の「確かめよう」から取りかかり、「確かめよう」にある「練習」でまちがいがあった場合、「つまずきをなくす説明」にもどるという進め方でよいと思います。

「つまずきをなくす説明」は、この単元での学習テーマに不安があるお子さんのために、あらかじめ数値や算数用語、必要な式などを薄く印刷しておきました。学習テーマに不安があるお子さんは、「自分の力だけですべてを考え、式を作って解く」前に、薄く印刷された式や算数用語とページ下段の「ヒント（ヒントには基本公式が書かれているページもあります）」を結びつけて、学習テーマをひとつずつ確実に理解することに努めてください。「あぁ、そういうことなんだ」と理解ができれば、次の「確かめよう」に進みます。

✲確かめよう…「つまずきをなくす説明」がきちんと理解できたかどうかを確認するページです。原則として、「つまずきをなくす説明」の例題１と「確かめよう」の練習１、「つまずきをなくす説明」の例題２と「確かめよう」の練習２というように、同じ番号ごとに同じテーマになるように作られています。

ですから、仮に練習２をまちがえ、お子さんがまちがいの原因を発見できないようであれば、例題２に立ち返って説明を読み直すようにご指導ください。

ただし、最後の「練習」だけは、テーマ全体のまとめになっている単元もありますので、あらかじめご留意ください。

✻ためしてみよう…「チャレンジ」問題を用意しました。名前のとおりハイレベルな問題ですので、「この単元は得意！」といえるようになったとき、学習時間などに余裕があるとき、「挑戦してみたいな」と思ったときなどに、取り組んでみてください。

難しい問題ですから、もし正解できなくてもくよくよすることはありませんが、せっかく挑戦したのですから、解説だけはしっかりと読むようにしましょう。解説を読んでその意味がわかれば、少し時間をおいて再挑戦してみるのも OK です。

「つまずきをなくす説明（例題）」「確かめよう（練習）」「ためしてみよう（チャレンジ）」の３段階をとおして、本書が「文章題が苦手」から「文章題は大丈夫」、さらには「文章題は大得意」と、お子さんのステップアップの一助になることができれば幸いです。

つまずきをなくす学習のポイント　小学５年生の文章題

本書は11のテーマと２つの総合問題の13単元によって構成されています。単元１～11の学習テーマと達成目標は、以下の表のとおりです。

	学習テーマ	達成目標
1	小数のかけ算の文章題	小数倍の意味を理解する
2	小数のわり算の文章題	小数でわると１にあたる量が求められることを理解する
3	倍数と約数の文章題	倍数や約数が問題の何にあたるかを区別できる
4	分数のたし算・ひき算の文章題	単位換算、小数との変換が利用できる
5	単位量あたりの大きさの文章題１「平均」	平均の公式を覚える
6	単位量あたりの大きさの文章題２「混み具合」	何を基準にすればよいかが理解できる 人口密度の公式を覚える
7	比例の文章題	比例の意味を理解する 比例する２量において対応する値を求めることができる
8	百分率とグラフの文章題	もとにする量、割合、比べる量を区別して求めることができる
9	速さの文章題	速さの公式を覚える 単位をそろえて計算することができる
10	きまりを見つけて解く文章題	変化量を利用して問題を解くことができる
11	和や差に目をつけて表で解く文章題	表を利用して問題を解くことができる

次の「つまずきをなくす学習ポイント」を参考に取り組み、目標を達成しましょう。

つまずきをなくす学習のポイント

1. 小数のかけ算の文章題

「10 等分」と「0.1 倍」が同じであることは、テープ図を利用すると理解しやすくなります。この理解が不十分ですと、たとえば、「2.1 倍した答え」が「21 倍した答えの小数点を左に 1 けたずらした答え」と同じになることがわからず、つまずきやすくなります。

2. 小数のわり算の文章題

かけ算の文章題でテープ図を利用した理解が不十分ですと、たとえば、「1.2 でわった答え」と「10 倍してから 12 でわった答え」が同じであること、「小数でわると 1 にあたる量が求められる」ことがわからず、つまずきやすくなります。

3. 倍数と約数の文章題

「倍数」と「約数」、「公倍数」と「公約数」、「最小公倍数」と「最大公約数」という算数用語とその意味を覚えることが一番大切です。

4. 分数のたし算・ひき算の文章題

「$\frac{1}{10}=0.1$」のほかに、「1 分＝$\frac{1}{60}$時間」「1 秒＝$\frac{1}{60}$分」を正確に覚えるようにします。また、「通分」「約分」が苦手なままですと文章題でもつまずきます。文章題に取り組む前に計算練習をしておきましょう。

5. 単位量あたりの大きさの文章題 1「平均」

「平均×個数＝合計」「合計÷個数＝平均」という、平均の公式をきちんと覚えましょう。

6. 単位量あたりの大きさの文章題 2「混み具合」

「混んでいる」ということが、「同じ面積や体積に入る数」と「同じ数が入る面積や体積」の 2 つの方法で比べられることを日常生活の中で体験・体感しておくと、計算式の意味が理解しやすくなり、また、つまずきにくくもなります。

7. 比例の文章題

「比例」という言葉が、一方が２倍、３倍、…となると、他方も２倍、３倍、…となる２量の関係を表すことを覚えます。理解しにくいときは、「１ふくろ 2kg のお米３ふくろ分の重さは 2kg の３倍」のように、身近にあるもので考えてみましょう。

8. 百分率とグラフの文章題

買い物の時に、「10％オフ」や「25％引き」といった言葉にふれ、また何円安くなるのか実際の支はらいをとおして知っておくと、「割合」と「もとにする量」「比べる量」の関係やそれを表すテープ図が理解しやすくなります。

9. 速さの文章題

たとえば、「時速 60km は、１時間に 60km の道のりを進むこと」のように、「速さ」の意味を理解することが非常に重要です。「速さ」の意味の理解が不十分ですと、「速さ×道のり＝時間」のような誤った計算をしたり、「時速 60km を分速に直すときは、60 倍？　60 でわる？」のように単位の換算でつまずいたりします。

10. きまりを見つけて解く文章題

２つの図を見比べて「正方形が１つ増えると、針金が３本増える」のように、ちがいを言葉で説明する練習をしましょう。また、例題を「まねる」ことも重要です。

11. 和や差に目をつけて表で解く文章題

例題と練習をとおして「空らんをうめて、表を完成させる→表を自分で作る」のように、あせることなく順々にステップアップしていきましょう。

つまずきをなくす
小5
算数　文章題【改訂版】

もくじ

小5①

小数のかけ算の文章題

つまずきをなくす説明

例題 1 1mの値段が160円のリボンがあります。次の問いに答えましょう。［　　］にはあてはまる数を、○には＋、－、×、÷のうちあてはまる記号を書きましょう。

計算らん

答えは、別冊②ページ

❶ このリボン0.1mの値段は何円でしょう。

0.1mが10個集まると1mです。

【式】 160 ÷ 10 ＝ 16

答え：　　　　円

❷ このリボン0.6mの値段は何円でしょう。

0.1mが6個集まると0.6mです。

【式】 16 × 6 ＝ ［　　］

答え：　　　　円

ヒント

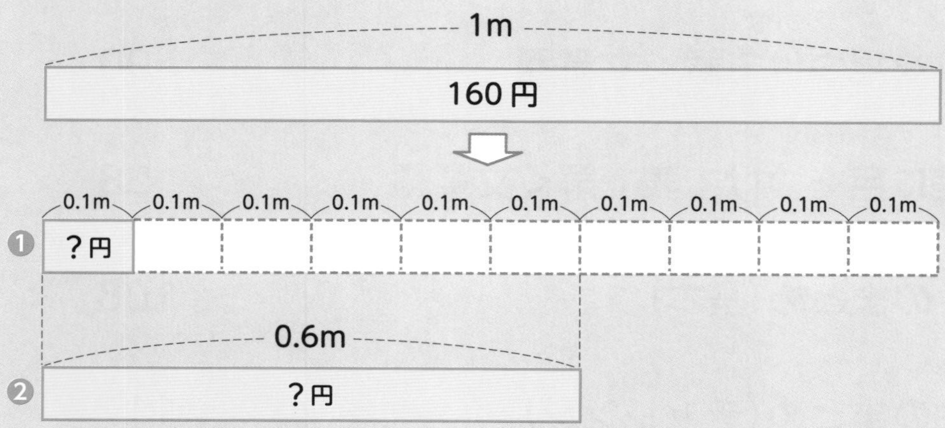

例題 2

1m の値段が 160 円のリボンがあります。次の問いに答えましょう。□にはあてはまる数を、○には＋、－、×、÷のうちあてはまる記号を書きましょう。

計算らん

答えは、別冊②ページ

① このリボン 6m の値段は何円でしょう。

1m の 6 倍が 6m です。

【式】 160 × 6 ＝ □

答え：　　　円

② このリボン 0.6m の値段は何円でしょう。

6m の $\frac{1}{10}$ 倍が 0.6m です。

【式】 960 ÷ 10 ＝ □

答え：　　　円

③ ①②の式を 1 つの式にまとめましょう。

【式】 160 × 6 ÷ 10

＝ 160 × 0.6 ＝ □

答え：　　　円

ヒント

③

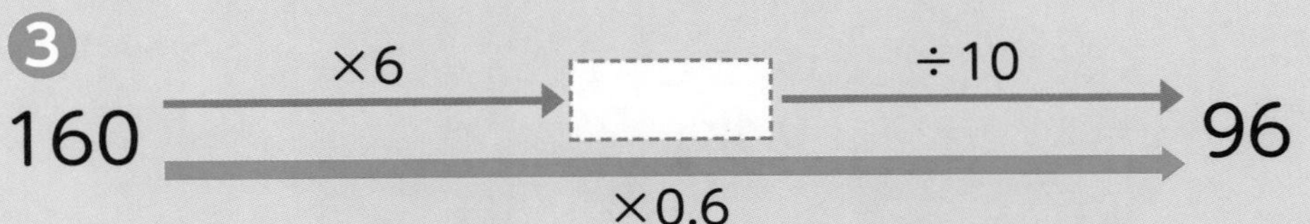

6 倍してから 10 でわって 1 けた小さくすることは 0.6 倍することと同じです。

例題 3

1m の重さが 0.4kg の棒があります。次の問いに答えましょう。□ にはあてはまる数を、○には＋、－、×、÷のうちあてはまる記号を書きましょう。

計算らん

答えは、別冊②ページ

1 この棒 2m の重さは何 kg でしょう。

1m の 2 倍が 2m です。

【式】 0.4 ○× 2 ＝ □

答え：　　kg

2 この棒 0.3m の重さは何 kg でしょう。

1m の 0.3 倍が 0.3m です。

【式】 0.4 ○× 0.3 ＝ □

答え：　　kg

3 この棒 2.3m の重さは何 kg でしょう。

1m の 2.3 倍が 2.3m です。

【式】 0.4 ○× 2.3 ＝ □

答え：　　kg

ヒント

3

棒の長さが 2.3 倍になれば、棒の重さも 2.3 倍になります。

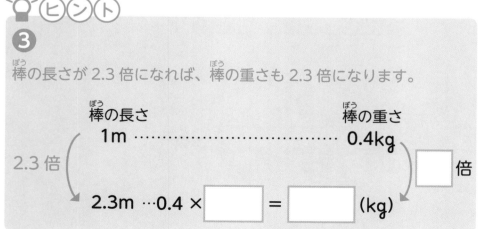

棒の長さ		棒の重さ
1m	……………	0.4kg
2.3 倍 ↓		↓ □ 倍
2.3m	…0.4 × □ ＝ □	(kg)

例題 4

1L の重さが 1.2kg のジュースがあります。このジュース 2.5L を重さが 0.8kg の容器に入れました。容器もふくめた重さの合計は何 kg でしょう。□にはあてはまる数を、○には＋、－、×、÷のうちあてはまる記号を書きましょう。

計算らん

答えは、別冊②ページ

【式】

このジュース 2.5L の重さは、

1.2 ⊗ 2.5 ＝ □

これを重さが 0.8kg の容器に入れたので、

□ ⊕ 0.8 ＝ □

答え：　　　kg

ヒント

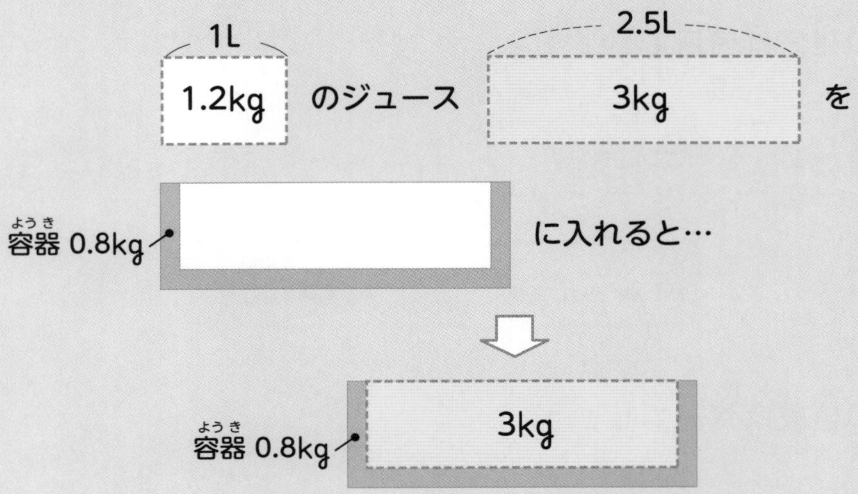

ジュース 2.5L の重さと容器の重さの和を求めます。

小5① 小数のかけ算の文章題

練習 1 1mの値段が120円のリボンがあります。次の問いに答えましょう。□にはあてはまる数を、○には＋、－、×、÷のうちあてはまる記号を書きましょう。

計算らん

答えは、別冊②ページ

1 このリボン4mの値段は何円でしょう。

【式】 □ ○ □ ＝ □

答え：　　　円

2 このリボン0.2mの値段は何円でしょう。

【式】 □ ○ □ ＝ □

答え：　　　円

3 このリボン0.3mの値段は何円でしょう。

【式】 □ ○ □ ＝ □

答え：　　　円

4 このリボン1.5mの値段は何円でしょう。

【式】 □ ○ □ ＝ □

答え：　　　円

練習 2

1kg の体積が 1.1L のオリーブオイルがあります。次の問いに答えましょう。□にはあてはまる数を、○には＋、－、×、÷のうちあてはまる記号を書きましょう。

計算らん

答えは、別冊②、③ページ

1 このオリーブオイル 2kg の体積は何 L でしょう。

【式】□ ○ □ ＝ □

答え：　　　L

2 このオリーブオイル 0.6kg の体積は何 L でしょう。

【式】□ ○ □ ＝ □

答え：　　　L

3 このオリーブオイル 2.6kg の体積は何 L でしょう。

【式】□ ○ □ ＝ □

答え：　　　L

4 このオリーブオイル 10.5kg の体積は何 L でしょう。

【式】□ ○ □ ＝ □

答え：　　　L

練習 3 1cm の重さが 5.2g の針金(はりがね)があります。次の問いに答えましょう。

計算らん

答えは、別冊③ページ

1 この針金(はりがね) 2cm の重さは何 g でしょう。

【式】

答え：　　　　g

2 この針金(はりがね) 5.5cm の重さは何 g でしょう。

【式】

答え：　　　　g

3 この針金(はりがね) 8.5cm を 5 本用意しました。5 本の重さの合計は何 g でしょう。

【式】

答え：　　　　g

4 この針金(はりがね) 5.4cm を 7 本用意し、それらを重さ 10.9g の箱に入れました。箱もふくめた重さの合計は何 g でしょう。

【式】

答え：　　　　g

小5① 小数のかけ算の文章題

答えは、別冊③ページ

チャレンジ1

太郎さんは、3.6 を 1.2 倍した後、5.4 をたす計算をするところ、まちがって、3.6 に 1.2 をたした後、5.4 倍しました。正しい計算の答えと太郎さんのした計算の答えの差を求めましょう。

【式と計算】

答え：

チャレンジ2

花子さんは、3.6 にある数をかけるところ、まちがって、3.6 にある数をたしてしまったため、答えが 5.1 になりました。正しい計算の答えを求めましょう。

【式と計算】

答え：

小5 ②

小数のわり算の文章題

つまずきをなくす説明

例題 1 1.2m の値段(ねだん)が 180 円のリボンがあります。次の問いに答えましょう。［　　］にはあてはまる数を、〇にはＢ＋、－、×、÷のうちあてはまる記号を書きましょう。

計算らん

答えは、別冊③ページ

① このリボン 0.1m の値段(ねだん)は何円でしょう。

0.1m の 12 倍が 1.2m です。

【式】［180］（÷）［12］＝［　　］

答え：　　　円

② このリボン 1m の値段(ねだん)は何円でしょう。

0.1 mの 10 倍が 1m です。

【式】［15］（×）［10］＝［　　］

答え：　　　円

ヒント

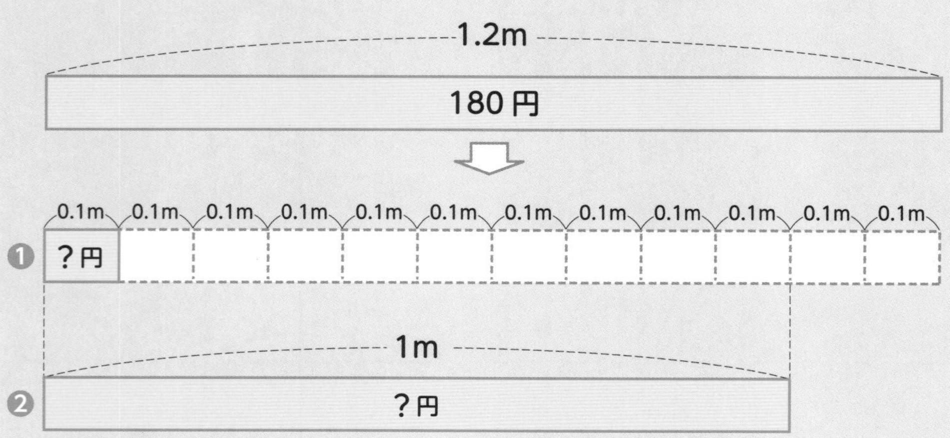

例題 2

1.2m の値段が 180 円のリボンがあります。次の問いに答えましょう。□にはあてはまる数を、○には＋、－、×、÷のうちあてはまる記号を書きましょう。

計算らん

答えは、別冊④ページ

1 このリボン 12m の値段は何円でしょう。

1.2 の 10 倍が 12m です。

【式】 180 (×) 10 ＝ □

答え：　　　　円

2 このリボン 1m の値段は何円でしょう。

12m の $\frac{1}{12}$ が 1m です。

【式】 1800 (÷) 12 ＝ □

答え：　　　　円

3 ❶❷の式を 1 つの式にまとめましょう。

【式】 180 (×) 10 (÷) 12

＝ 180 (÷) 1.2 ＝ □

答え：　　　　円

ヒント

❸

180 →×10→ □ →÷12→ 150

180 →÷1.2→ 150

10 倍して 1 けた大きくしてから 12 でわることは 1.2 でわることと同じです。

例題3

ジュースが2.4Lあります。次の問いに答えましょう。□にはあてはまる数を、○には＋、－、×、÷のうちあてはまる記号を書きましょう。

計算らん

答えは、別冊④ページ

1 コップに0.4Lずつ入れると何個(なんこ)のコップに入れることができますか。

「2.4 ÷ 0.4」と「24 ÷ 4」は同じ答えです。

【式】 2.4 ÷ 0.4 ＝ □

答え：　　個(こ)

2 コップに0.5Lずつ入れると何個(なんこ)のコップに入れることができますか。

あまりの小数点はもとの小数点の位置です。

【式】 2.4 ÷ 0.5 ＝ □ あまり □

答え：　　個(こ)

ヒント

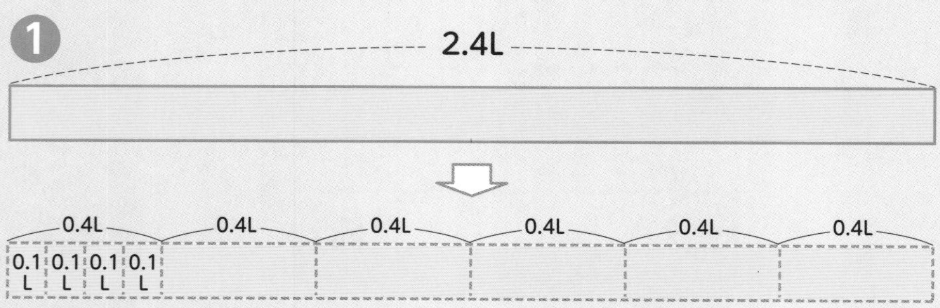

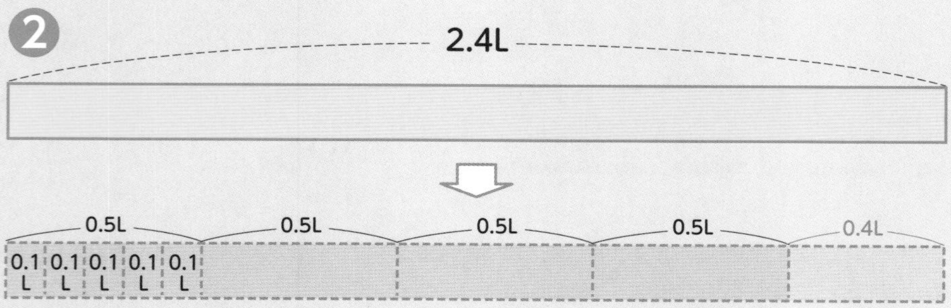

例題 4

1.2m^2 の重さが 1.5kg の板があります。次の問いに答えましょう。□ にはあてはまる数を、○ には＋、－、×、÷のうちあてはまる記号を書きましょう。

計算らん

答えは、別冊④ページ

1 この板 1kg の面積は何 m^2 ですか。

板の重さと面積は比例します。

【式】 1.2 ÷ 1.5 ＝ □

答え：　　　m^2

2 この板 1m^2 の重さは何 kg ですか。答えは小数第一位までのがい数で求めましょう。

小数第二位まで求め、四捨五入します。

【式】 1.5 ÷ 1.2 ＝ □

答え：　　　kg

ヒント

1

板の面積　1.2 m^2 ・・・・・・・・・・・・・・・・ 板の重さ　1.5kg

÷1.5　　　　　　　　　　　　　　　　　　　　÷1.5

板の面積　1.2÷ □ ＝ □ (m^2) ・・・・ 1kg

2

板の面積　1.2 m^2 ・・・・・・・・・・・・・・・・ 板の重さ　1.5kg

÷1.2　　　　　　　　　　　　　　　　　　　　÷1.2

板の面積　1m^2 ・・・・ 1.5÷ □ ＝ □ (kg)

小数第二位を四捨五入すると小数第一位までのがい数になります。

小数第二位　　小数第一位

□.□□ → □.□

小5② 小数のわり算の文章題

練習 1

1.5m の値段が 90 円の布があります。次の問いに答えましょう。□ にはあてはまる数を、○ には＋、－、×、÷のうちあてはまる記号を書きましょう。

計算らん

答えは、別冊④ページ

1 この布 15m の値段は何円でしょう。

【式】 □ ○ □ ＝ □

答え：　　　円

2 この布 0.1m の値段は何円でしょう。

【式】 □ ○ □ ＝ □

答え：　　　円

3 この布 1m の値段は何円でしょう。

【式】 □ ○ □ ＝ □

答え：　　　円

4 この布 2.5m の値段は何円でしょう。

【式】 □ ○ □ ＝ □

答え：　　　円

練習 2

次の問いに答えましょう。□にはあてはまる数を、○には＋、－、×、÷のうちあてはまる記号を書きましょう。

計算らん

答えは、別冊④ページ

1 8m の重さが 1.6kg の棒(ぼう)があります。この棒(ぼう) 1m の重さは何 kg でしょう。

【式】□ ○ □ ＝ □

答え：　　　　kg

2 0.5kg の長さが 1.2m の棒(ぼう)があります。この棒(ぼう) 1kg の長さは何 m でしょう。

【式】□ ○ □ ＝ □

答え：　　　　m

3 1.8L の重さが 4.5kg の液体(えきたい)があります。この液体(えきたい) 1L の重さは何 kg でしょう。

【式】□ ○ □ ＝ □

答え：　　　　kg

4 2.7m² の重さが 1.6kg の板があります。この板 1m² の重さは何 kg でしょう。小数第一位までのがい数で求めましょう。

【式】□ ○ □ ＝ □

答え：　　　　kg

練習 3 3g の長さが 1.5cm の針金(はりがね)があります。次の問いに答えましょう。

1 この針金(はりがね) 1g の長さは何 cm でしょう。

【式】

答え：　　　　cm

2 この針金(はりがね) 1cm の重さは何 g でしょう。

【式】

答え：　　　　g

練習 4 0.6g の長さが 2.4cm のリボンがあります。次の問いに答えましょう。

1 このリボン 1g の長さは何 cm でしょう。

【式】

答え：　　　　cm

2 このリボン 1cm の重さは何 g でしょう。

【式】

答え：　　　　g

計算らん

答えは、別冊⑤ページ

小5② 小数のわり算の文章題

答えは、別冊⑤ページ

チャレンジ

右の表は３種類のバケツにそれぞれ何Ｌの水が入るのかを調べてまとめたものですが、一部が破（やぶ）れて見えなくなっています。次の問いに答えましょう。

	水の量（L）
バケツ（大）	7.2
バケツ（中）	
バケツ（小）	2.7

1 バケツ（小）に入る水の量は、バケツ（大）に入る水の量の何倍ですか。

【式と計算】

答え：

2 バケツ（大）に入る水の量は、バケツ（中）に入る水の量の 1.5 倍です。バケツ（中）に入る水の量は何Ｌですか。

【式と計算】

答え：

コラム①

「計算問題の裏には悲劇があった？！」～100を作ろう～

昔々のその昔、こんな出来事があったそうです。

平安時代のころ、京都に深草少将という貴族がおられました。あるとき、深草少将は美人として有名であった小野小町に一目ぼれしてしまいます。

好きです。
交際を
お願いいたします。
ではそのあかしとして100回、
会いに来てください。

真けんであることのあかしとして100回会いに来るよう言われた深草少将は、それから毎日、小野小町の家をおとずれます。そして、ついに100回目の日がやってきます。しかし、運悪くその日は大雪。現代のようにだんぼうの効いた自動車もありませんし、フリースやダウンジャケットなどの「あったかウエア」もない時代です。あまりの寒さに、深草少将は小野小町の家へ向かうとちゅうでなくなってしまいます。このことをなげき悲しんだ小野小町は、その後、くようのためにお寺で暮らしたとも、いずこともなく去って行ったとも伝えられています。

このエピソードから、答えが100になる計算式を作る問題のことを「小町算」と呼ぶようになりました。

小町算のルールは次のとおりです。

【小町算のルール】

(1) 1から9までの連続した数を使う。
(2) 数と数の間に、＋、−、×、÷、(　) を入れる。
(3) 計算の答えが100になる。

(小町算の計算式の一例)

$$1+2+3+4+5+6+7+8\times 9=100$$

この例の他にどんな式が作れるか、ちょう戦してみましょう。

・(　) を使わないこと。
・前から順に計算しても、とちゅうで0より小さくならないこと。

この2つのルールを加えると、あと5つの式を作ることができるよ。

1 □ 2 □ 3 □ 4 □ 5 □ 6 □ 7 □ 8 □ 9 ＝ 100

1 □ 2 □ 3 □ 4 □ 5 □ 6 □ 7 □ 8 □ 9 ＝ 100

1 □ 2 □ 3 □ 4 □ 5 □ 6 □ 7 □ 8 □ 9 ＝ 100

1 □ 2 □ 3 □ 4 □ 5 □ 6 □ 7 □ 8 □ 9 ＝ 100

1 □ 2 □ 3 □ 4 □ 5 □ 6 □ 7 □ 8 □ 9 ＝ 100

答えは124ページ

小5③

倍数と約数の文章題

つまずきをなくす説明

例題 1 縦3cm、横2cmの長方形の色板を同じ向きにしきつめて、できるだけ少ない枚数で正方形を｜つ作ります。次の問いに答えましょう。

計算らん

答えは、別冊⑤ページ

❶ 下の図に色板をかき加えて、正方形を作りましょう。

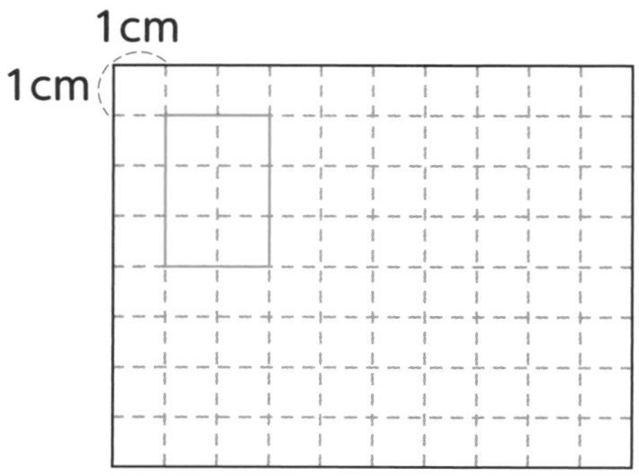

❷ 完成した正方形の縦、横の｜辺の長さは、それぞれどんな数の倍数ですか。

｜辺6cmの正方形ができます。

答え： 縦の｜辺　3の倍数、横の｜辺　2の倍数

ヒント

❷
九九の2の段と3の段の両方にある一番小さな数を探します。

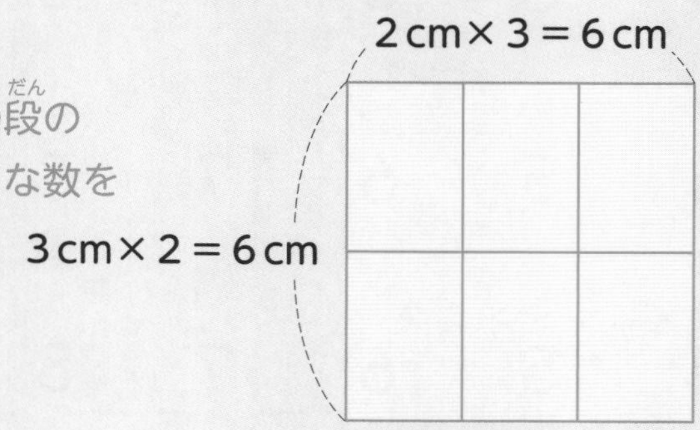

正方形の｜辺は3と2の最小公倍数です。

例題２ 縦8cm、横１2cmの長方形を余りなく、同じ大きさの正方形に切ります。次の問いに答えましょう。

計算らん

答えは、別冊⑥ページ

❶ 下図の長方形を、できるだけ大きい、同じ大きさの正方形に分けましょう。

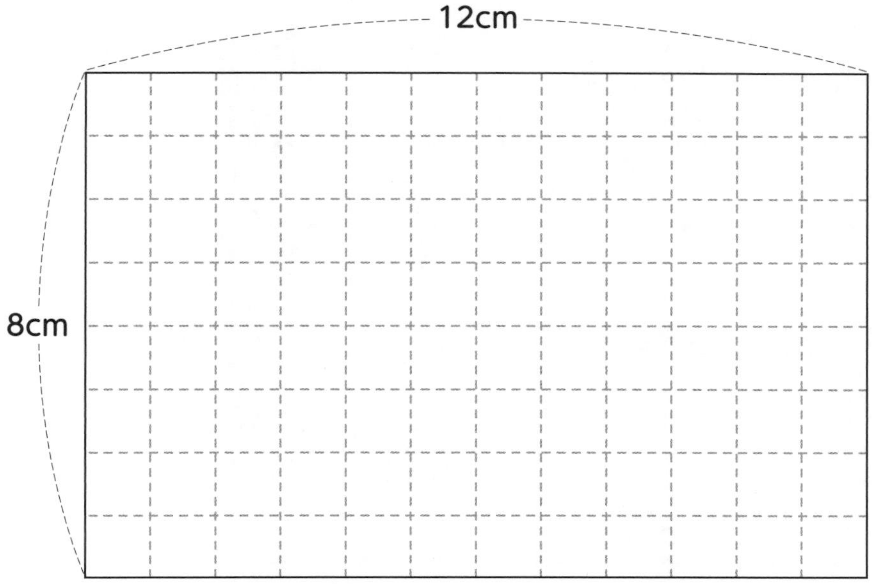

❷ ❶の正方形の１辺の長さは、どんな数の約数ですか。

１辺4cmの正方形ができます。

答え： 縦の１辺 8の約数、横の１辺 １2の約数

ヒント

❷

8と12の両方をわり切ることができる最大の数を探します。

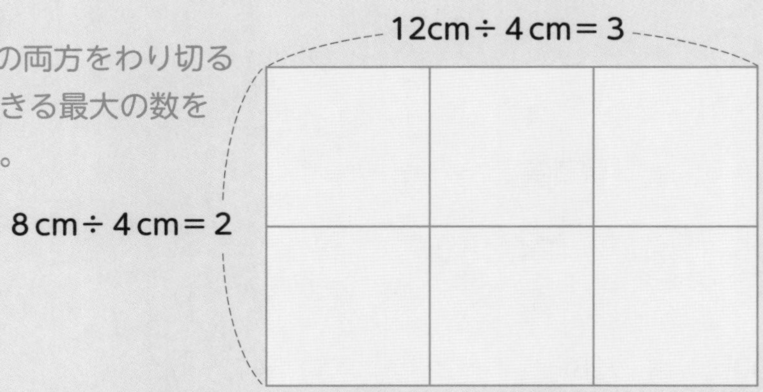

例題 3

A駅から、B町行きのバスが12分ごと、C町行きのバスが18分ごとに出ています。8時ちょうどにB町行きのバスと、C町行きのバスがA駅を同時に出発しました。次の問いに答えましょう。

計算らん

答えは、別冊⑥ページ

❶ 12の倍数を小さい順に3つ書きましょう。

12 × 1、12 × 2、…のように計算します。

答え：　　　　、　　　　、

❷ 18の倍数を小さい順に3つ書きましょう。

答え：　　　　、　　　　、

❸ この次に、B町行きのバスとC町行きのバスがA駅を同時に出発する時刻は8時何分ですか。

12と18の最小公倍数です。

答え：　8時　　　　分

ヒント

A駅の時刻表は下のようになります。

A駅　バス時刻表

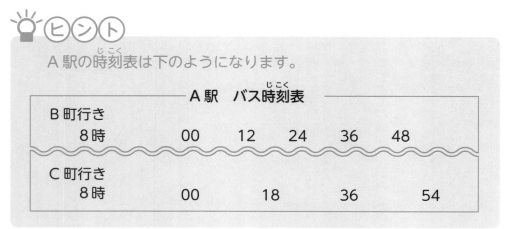

B町行き							
8時	00	12		24	36	48	
C町行き							
8時	00		18		36		54

例題 4

クッキーが 12 枚、せんべいが 18 枚あります。それぞれ同じ数ずつ、余りなく分けます。次の問いに答えましょう。

計算らん

答えは、別冊⑥ページ

❶ クッキーは何人に分けることができますか。あるだけ答えましょう。ただし、「1 人」という答えは、分けたことになりません。

12 の約数を考えましょう。

答え： 人・ 人・ 人・ 人・ 人

❷ せんべいは何人に分けることができますか。あるだけ答えましょう。ただし、「1 人」という答えは、分けたことになりません。

答え： 人・ 人・ 人・ 人・ 人

❸ クッキーとせんべいを、それぞれ同じ数ずつ、できるだけ多くの人に分けます。何人に分けることができますか。

12 と 18 の最大公約数です。

答え： 人

ヒント

クッキーの枚数をわり切ることができる数（1 以外の 12 の約数）が、求める人数です。

❶ 12 ÷ 2 = 6 → 2 人に 6 枚ずつ分けることができます。
12 ÷ 3 = 4 → 3 人に 4 枚ずつ分けることができます。
12 ÷ 4 = 3 → 4 人に 3 枚ずつ分けることができます。
12 ÷ 5 = × → 分けることができません。
12 ÷ 6 = 2 → 6 人に 2 枚ずつ分けることができます。
12 ÷ 12 = 1 → 12 人に 1 枚ずつ分けることができます。

小5③ 倍数と約数の文章題

練習 1

縦 4cm、横 3cm の長方形のタイルを同じ向きにしきつめて、できるだけ少ない枚数で正方形を｜つ作ります。次の問いに答えましょう。

計算らん

答えは、別冊⑥ページ

1 下の図に色板をかき加えて、正方形を作りましょう。

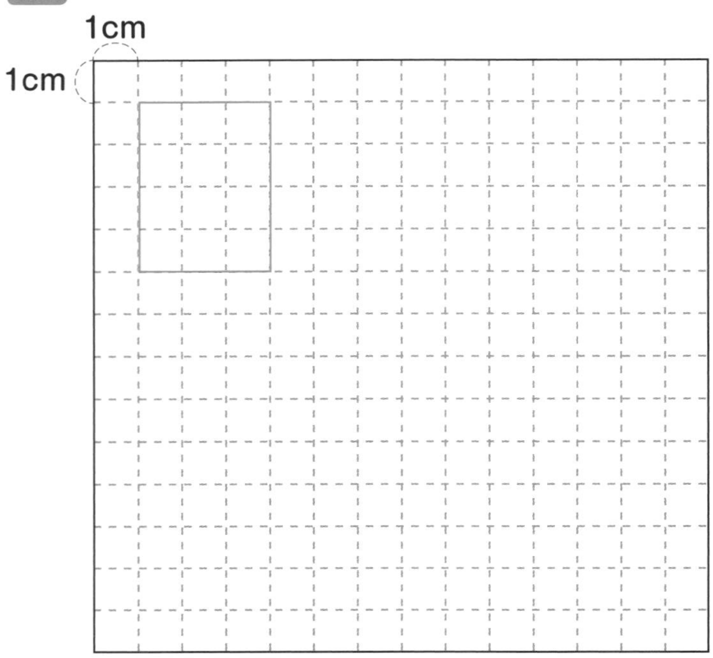

2 完成した正方形の縦、横の｜辺の長さは、それぞれどんな数の倍数ですか。

答え：　縦の｜辺　　　　　　、横の｜辺

3 次の文の□□□□□にあてはまる言葉を漢字５文字で書きましょう。

完成した正方形の｜辺の長さは、

４と３の□□□□□です。

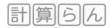

練習２ 縦12cm、横16cmの長方形を余りなく、同じ大きさの正方形に切ります。次の問いに答えましょう。

計算らん

答えは、別冊⑦ページ

1 下図の長方形を、できるだけ大きい、同じ大きさの正方形に分けましょう。

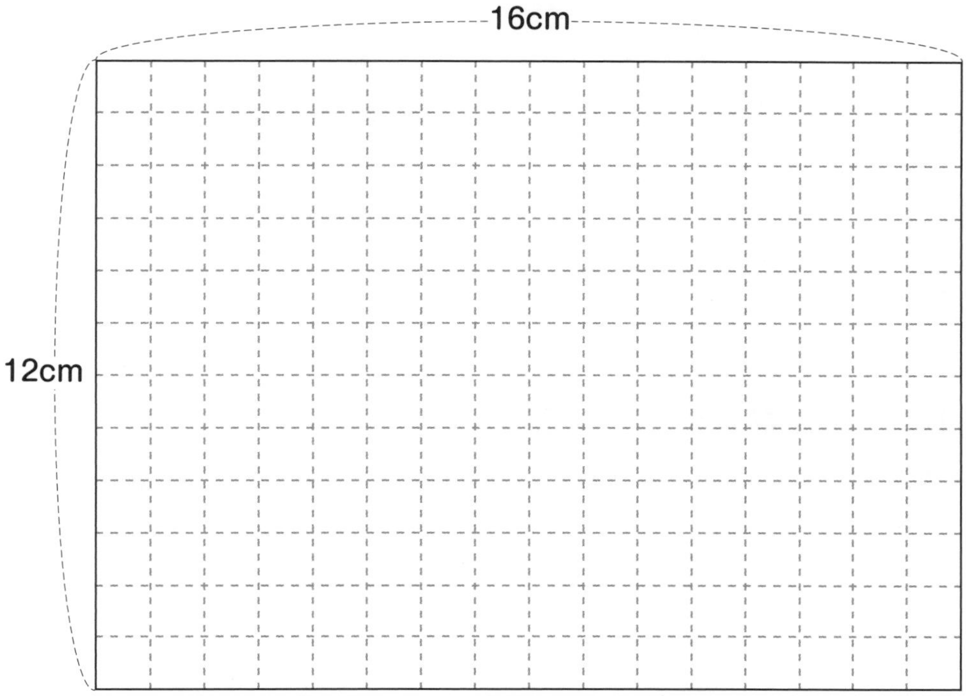

2 **1** の正方形の縦、横の１辺の長さは、それぞれどんな数の約数ですか。

答え：　縦の１辺　　　　　　、横の１辺

3 次の文の □□□□□ にあてはまる言葉を漢字５文字で書きましょう。

切り分けられた正方形の１辺の長さは、

12と16の □□□□□ です。

練習 3

A 駅から、ふつう電車が 8 分ごと、特急電車が 12 分ごとに出ています。8 時ちょうどにふつう電車と特急電車が A 駅を同時に出発しました。次の問いに答えましょう。

計算らん

答えは、別冊⑦ページ

1 8 の倍数を小さい順に 3 つ書きましょう。

答え：　　　、　　　、

2 12 の倍数を小さい順に 3 つ書きましょう。

答え：　　　、　　　、

3 この次に、ふつう電車と特急電車が A 駅を同時に出発する時刻（じこく）は 8 時何分ですか。

答え：　8 時　　　分

練習 4

赤玉が 8 個（こ）、白玉が 12 個（こ）あります。それぞれ同じ数ずつ、余（あま）りなく分けます。次の問いに答えましょう。

1 赤玉を 1 人に 2 個（こ）以上ずつ分けるとすれば、何人に分けることができますか。あるだけ答えましょう。ただし、「1 人」という答えは、分けたことになりません。

答え：　　　人・　　　人

2 赤玉と白玉を、それぞれ同じ数ずつ、できるだけ多くの人に分けます。何人に分けることができますか。

答え：　　　人

小5③ 倍数と約数の文章題

答えは、別冊⑦、⑧ページ

チャレンジ1

Ａ駅から、ふつう電車が10分ごと、急行電車が12分ごと、特急電車が15分ごとに出ています。8時15分にふつう電車と急行電車と特急電車がＡ駅を同時に出発しました。この次に、ふつう電車と急行電車と特急電車がＡ駅を同時に出発する時刻を答えましょう。

【式と計算】

答え：

チャレンジ2

モモが8個、リンゴ12個、ミカンが20個あります。これらを余らないようにそれぞれ同じ数ずつ、できるだけ多くの人に分けます。何人に分けることができますか。

【式と計算】

答え：

小5④

分数のたし算・ひき算の文章題

つまずきをなくす説明

例題 1 ジュースが、容器アに $\frac{2}{3}$ L、容器イに $\frac{3}{4}$ L入っています。次の問いに答えましょう。

計算らん

答えは、別冊⑧ページ

1 ジュースは全部で何 L ありますか。

【考え方】

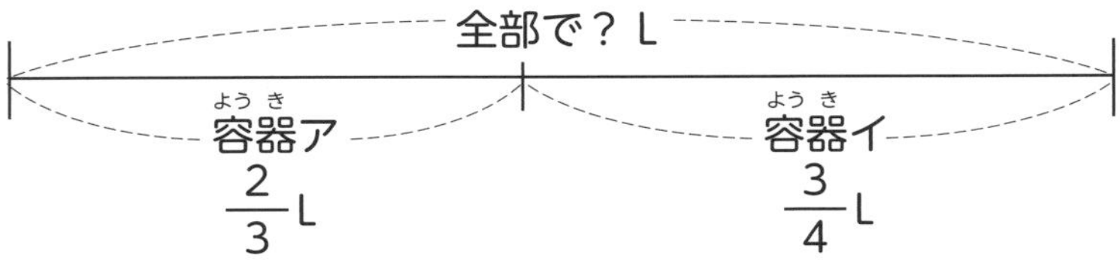

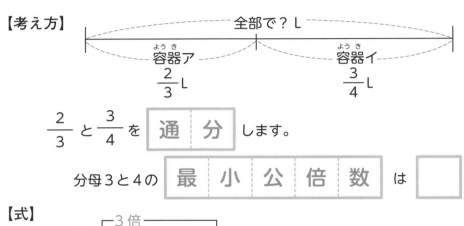

$\frac{2}{3}$ と $\frac{3}{4}$ を 通分 します。

分母3と4の 最小公倍数 は □

【式】

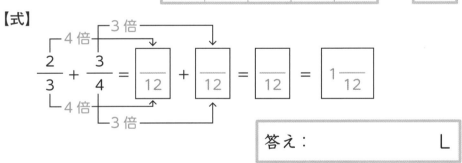

$\frac{2}{3} + \frac{3}{4} = \frac{\square}{12} + \frac{\square}{12} = \frac{\square}{12} = 1\frac{\square}{12}$

（4倍、3倍）

答え：　　L

2 ジュースは、どちらの容器がどれだけ多いですか。

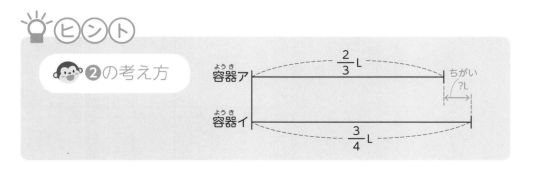

【式】

答え：容器　　の方が　　L 多い

ヒント

2の考え方

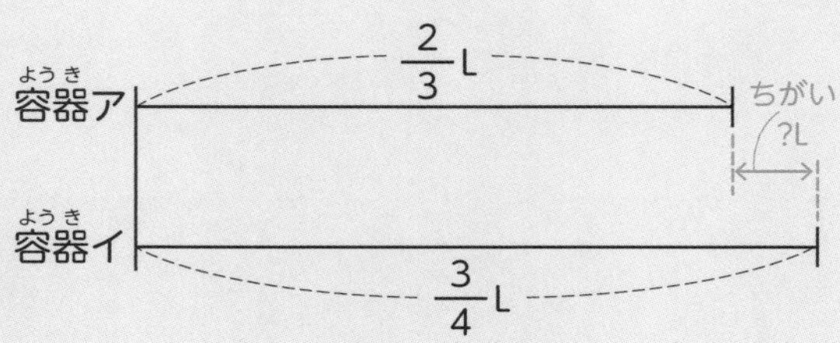

例題 2

A駅から、ふつう電車を利用すると$\frac{2}{5}$時間で、特急電車を利用すると15分で、B駅に着きます。次の問いに答えましょう。

計算らん

答えは、別冊⑧ページ

1 ふつう電車を利用すると何分かかりますか。

1時間を［5］等分すると、

［60］÷［5］＝［　］（分）なので、

$\frac{2}{5}$時間＝［　］分

答え：　　　　　　分

2 特急電車はふつう電車より何時間早く着きますか。

15分は60分を4等分したうちの1つ分です。

15分＝$\frac{\square}{4}$時間　なので、

$\frac{2}{5}-\frac{\square}{4}=\frac{\square}{20}-\frac{\square}{20}=\frac{\square}{20}$

答え：　　　　　　時間早く着く

ヒント

1

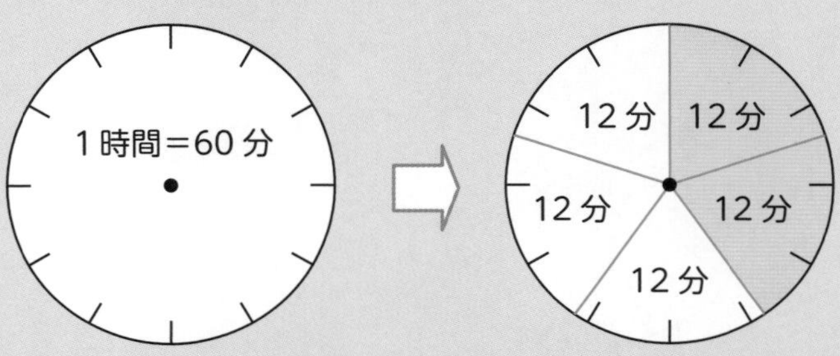

$\frac{2}{5}$時間は1時間を［5］等分したうちの［2］つ分。

例題3

ウサギとカメが50m競走をしました。スタートして、ウサギは$\frac{1}{20}$分後に、カメは7分30秒後に、それぞれゴールしました。次の問いに答えましょう。

1 ウサギは何秒でゴールしましたか。

1分間を［20］等分すると、

［60］÷［20］＝［　］（秒）なので、

$\frac{1}{20}$分＝［　］秒

答え：　　　秒

2 カメはウサギよりも何分おくれてゴールしましたか。

30秒は60秒を2等分したうちの1つ分です。

7分30秒＝［$7\frac{\square}{2}$］分　なので、

［$7\frac{\square}{2}$］－［$\frac{\square}{20}$］＝［$7\frac{\square}{20}$］－［$\frac{\square}{20}$］＝［$7\frac{\square}{20}$］

答え：　　　分

計算らん

答えは、別冊⑧ページ

ヒント

1

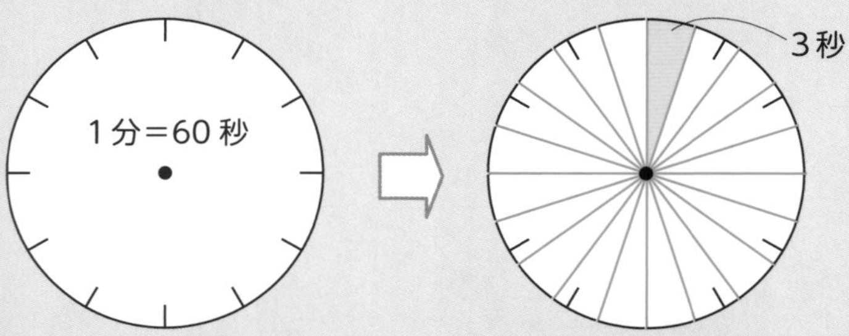

$\frac{1}{20}$分は1分間を［20］等分したうちの［1］つ分。

例題 4

牛乳がビンの中に $1\frac{2}{3}$L 入っています。太郎さんが 0.5L を飲みました。その後で次郎さんが太郎さんより $\frac{1}{4}$L 多く牛乳を飲みました。次の問いに答えましょう。

計算らん

答えは、別冊⑧、⑨ページ

1 太郎さんの飲んだ牛乳を分数で表しましょう。

$0.5 = \frac{\square}{10} = \frac{\square}{2}$

答え：　　　L

2 次郎さんの飲んだ牛乳は何 L ですか。分数で表しましょう。

$\frac{\square}{2} + \frac{\square}{4} = \frac{\square}{4} + \frac{\square}{4} = \frac{\square}{4}$

答え：　　　L

3 2 人が飲んだ後に残っている牛乳は何 L ですか。

2 人が飲んだ牛乳の和を先に求めておきましょう。

$\frac{\square}{2} + \frac{\square}{4} = \frac{\square}{4} + \frac{\square}{4} = 1\frac{\square}{4}$

$1\frac{\square}{3} - 1\frac{\square}{4} = 1\frac{\square}{12} - 1\frac{\square}{12} = \frac{\square}{12}$

答え：　　　L

ヒント

3

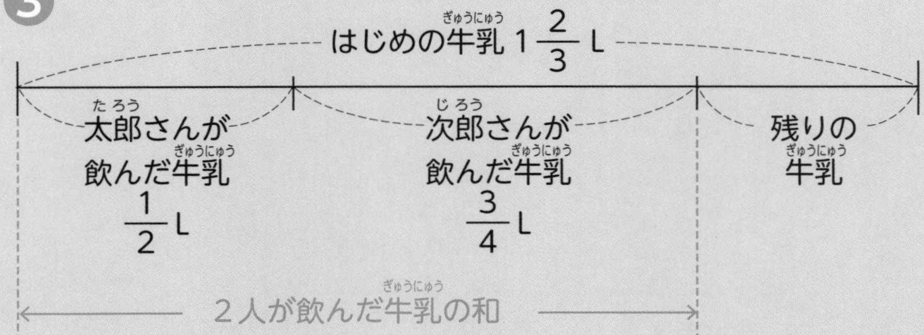

小5④ 分数のたし算・ひき算の文章題

練習 1

砂糖(さとう)が、容器(ようき)アに $\frac{1}{4}$ kg、容器(ようき)イに $\frac{1}{6}$ kg 入っています。次の問いに答えましょう。

1 砂糖(さとう)は全部で何 kg ありますか。

【式】

答え：　　　　kg

2 入っている砂糖(さとう)は、どちらの容器(ようき)がどれだけ多いですか。

【式】

答え：容器(ようき)　　　の方が　　　kg 多い

練習 2

A 町公園の広さは $\frac{5}{6}$ a(アール) で、B 町公園の広さよりも $\frac{1}{4}$ a(アール) 広いそうです。

1 B 町公園の広さは何 a(アール) ですか。

【式】

答え：　　　　a(アール)

2 2 つの公園の広さは合わせて何 a(アール) ですか。

【式】

答え：　　　　a(アール)

計算らん

答えは、別冊⑨ページ

練習 3

A駅から、ふつう電車を利用すると$\frac{1}{6}$時間で、特急電車を利用すると5分で、B駅に着きます。次の問いに答えましょう。

1 ふつう電車を利用すると何分かかりますか。

【式】

答え：　　　　分

2 特急電車はふつう電車より何時間早く着きますか。

【式】

答え：　　　　時間

練習 4

200m 走の記録は、A選手が$\frac{2}{5}$分、B選手が25秒です。次の問いに答えましょう。

1 A選手の記録は何秒ですか。

【式】

答え：　　　　秒

2 どちらが何分速いですか。

【式】

答え：　　　選手の方が　　　分速い

計算らん

答えは、別冊⑨ページ

練習 5

牛乳がビンの中に $1\frac{2}{5}$ L 入っています。太郎さんが 0.3L を飲みました。その後で次郎さんが太郎さんより $\frac{1}{2}$ L 多く牛乳を飲みました。次の問いに答えましょう。

1 太郎さんが飲んだ牛乳は何 L ですか。分数で表しましょう。

【式】

答え：　　　　L

2 次郎さんが飲んだ牛乳は何 L ですか。分数で表しましょう。

【式】

答え：　　　　L

3 2 人が飲んだ牛乳は合わせて何 L ですか。

【式】

答え：　　　　L

4 2 人が飲んだ後に残っている牛乳は何 L ですか。

【式】

答え：　　　　L

計算らん

答えは、別冊⑨ページ

小5④ 分数のたし算・ひき算の文章題

答えは、別冊⑩ページ

チャレンジ1

太郎さんはおばあさんの家まで歩いて行きます。家から600m 歩いて、とちゅうにあるフルーツショップでおみやげを買いました。フルーツショップからおばあさんの家までの道のりは、太郎さんの家からフルーツショップまでの道のりよりも$\frac{1}{20}$km 長いです。太郎さんの家からおばあさんの家までの道のりは何 km ですか。帯分数で答えましょう。

【式と計算】

答え：

チャレンジ2

ジュースを余りなく分けると、太郎さんは二郎さんよりも$\frac{1}{6}$L 多く、二郎さんは三郎さんよりも$\frac{1}{6}$L 多くなりました。三郎さんのジュースが$\frac{1}{6}$L のとき、はじめにあったジュースは何 L ですか。

【式と計算】

答え：

コラム②

「年れいを言い当てろ！」～奇偶算～

ピラミッドとスフィンクスは、エジプトの古代遺せきとして有名ですね。

しかし、ピラミッドが南米ペルーにもあるように、スフィンクスもエジプトだけにあるわけではありません。

古代ギリシアの神話にもスフィンクスは登場します。このお話に登場するスフィンクスは、通りかかった旅人に「なぞなぞ」を出し、旅人が答えられないと食べてしまっていたそうです。そこで、オイディプス王がスフィンクスを退治にいくと、スフィンクスは次のような「なぞなぞ」を出しました。

「朝は 4 本足、昼は 2 本足、夜は 3 本足。これは何か？」

オイディプス王はこの「なぞなぞ」に正解し、見事にスフィンクスを退治したと神話では伝えられています。

さて、ところ変わって江戸時代。とある長屋でご隠居さんと八兵衛さんが、なにやら楽しそうなことをしているようです。

わたしの年を当てたら
ごほうびをあげるよ。
本当ですかい。
じゃあ……

ご隠居：八兵衛さんや。暇だったら、ちょっとこっちへおいで。
八兵衛：何ですか、ご隠居？
ご隠居：八兵衛さん、わたしももう年だね。物忘れが激しくてね……。
八兵衛：何をおっしゃるんです。いつも若々しいじゃありませんか。
ご隠居：うれしいことを言ってくれるね。それじゃ、わたしの年を当ててみないかね？　当たったときは、ごほうびをあげるよ。
八兵衛：えっ、ごほうびですか。そいつは張り切らなくっちゃいけやせんね。
ご隠居：ホッホッホッ。八兵衛さんは、現金だね。
八兵衛：じゃあ、さっそくいきやすぜ。ご隠居の年れいから1をひいて、3をひいて、5をひいて、……と続け、ひけなくなったときに残っている数を教えてください。
ご隠居：年から1、3、5、……とひくんだね。
八兵衛：へい、さようで。
ご隠居：13だね。
八兵衛：13ですね。じゃあ今度は同じように、2、4、6、……とひいていって、ひけなくなったらその数を教えてください。
ご隠居：今度は2、4、6、……だね。
八兵衛：お願いしやす。
ご隠居：今度は6だね。
八兵衛：6ですか。てことは……わかりやした。
ご隠居：本当かね！？
八兵衛：へい。ご隠居のお年は○☆でやんしょ。
ご隠居：こりゃ、おどろいた！　当たったよ。

みなさんは、ご隠居さんの年れいが何さいかわかりましたか？

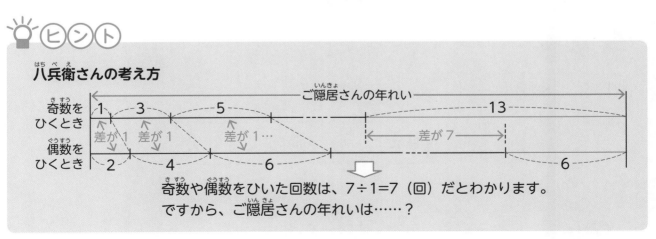

ヒント

八兵衛さんの考え方

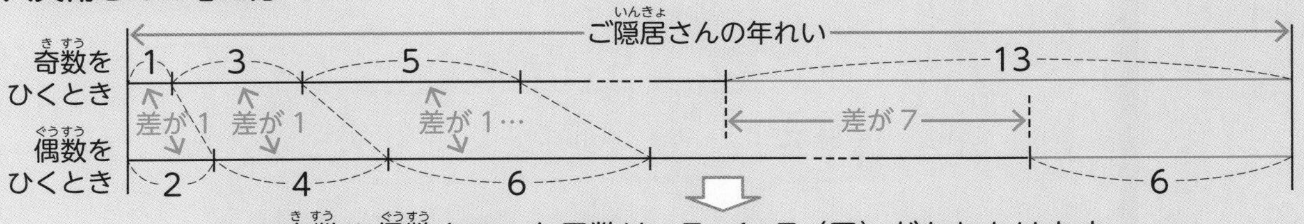

奇数や偶数をひいた回数は、7÷1=7（回）だとわかります。
ですから、ご隠居さんの年れいは……？

答えは124ページ

小5 5

単位量あたりの大きさの文章題1「平均（へいきん）」

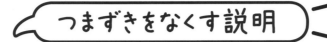

つまずきをなくす説明

例題1 次の表は、太郎（たろう）さんが1日に取り組んだ計算ドリルの勉強時間を、1週間記録したものです。次の問いに答えましょう。

曜日	月	火	水	木	金	土	日
勉強時間（分）	10	12	9	10	11	10	8

1 1日の勉強時間の平均（へいきん）を求めましょう。

時間を7つたしたので、7でわると平均（へいきん）になります。

【考え方】

1週間の勉強時間の合計は、

[10] ＋ [12] ＋ [9] ＋ [　] ＋ [　] ＋ [　] ＋ [　] ＝ [　]

1週間は7日間なので1日の平均（へいきん）は、

[　] ÷ [7] ＝ [　]

答え：　　　　分

2 この週と同じように勉強をすると、31日間では全部で何時間何分勉強をすることになりますか。

「1日の勉強時間＝1で求めた平均（へいきん）」として計算します。

【式】 [　] × [31] ＝ [　]

答え：　　　時間　　　分

計算らん

答えは、別冊⑩ページ

ヒント

「合計÷個数（こすう）＝平均（へいきん）、平均（へいきん）×個数（こすう）＝合計」です。

例題 2 次の表は、的当てゲームでの得点数を表したものです。次の問いに答えましょう。

回数（回目）	1	2	3	4	5
得点（点）	2	0	4	5	1

❶ 1回のゲームの平均の得点は何点ですか。

平均は小数になることもあります。

【考え方】

合計は、

[2] ＋ [0] ＋ [4] ＋ [　] ＋ [　] ＝ [　]

なので、平均は、

[　] ÷ [5] ＝ [　.　]

答え：　　　　点

❷ このときと同じように得点できたとすると、ゲームを何回すれば得点の合計が 36 点になりますか。

「1 回の得点＝❶で求めた平均」として計算します。

【式】 [36] ÷ [　] ＝ [　]

答え：　　　　回

計算らん

答えは、別冊⑩ページ

ヒント

❶

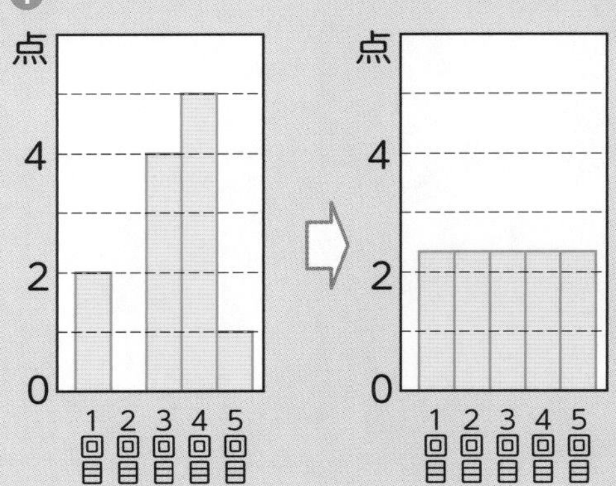

平均するということは図のように「ならす（グラフを同じ高さにそろえる）」ことなので 0 点の回（2 回目）も数えて、合計を「5」でわります。

例題 3

次の表は、10 点満点の漢字テストの結果を表したものです。次の問いに答えましょう。

名前	A さん	B さん	C さん	D さん	E さん
点数（点）	8	6	10	9	5

1 漢字テストの結果をグラフに表しましょう。

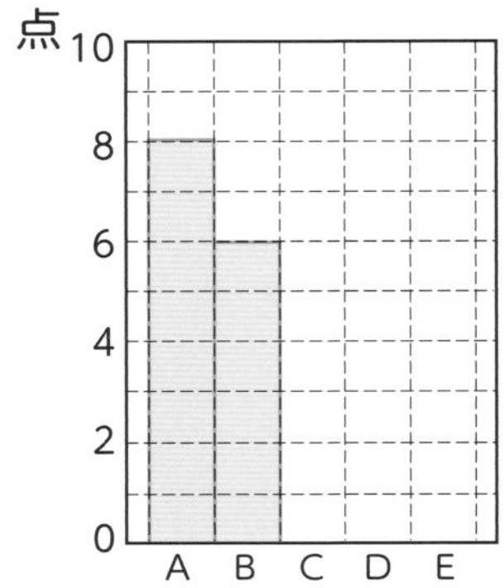

2 一番低い点数を仮平均として、その差を表に書きましょう。

名前	A さん	B さん	C さん	D さん	E さん
点数（点）	8	6	10	9	5
仮平均との差	3	1			0

3 仮平均を利用して、5 人の平均を求めましょう。

[3] ＋ [1] ＋ [5] ＋ [　] ＋ [　] ＝ [　　]　仮平均との差の合計

[　　] ÷ [5] ＋ [5] ＝ [　.　]

仮平均との差の平均 ＋仮平均＝ 平均

答え：　　　　点

ヒント

3

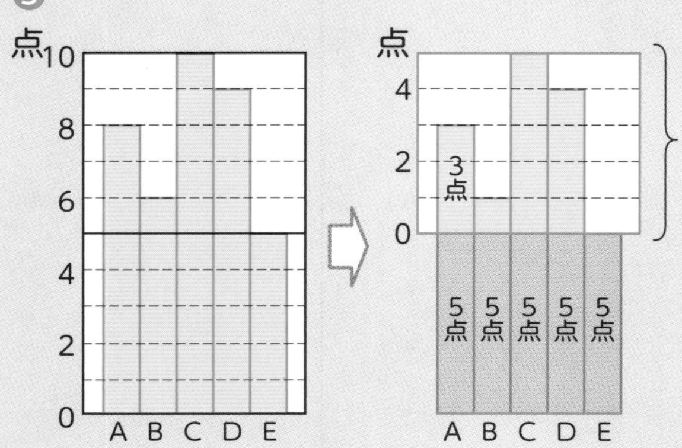

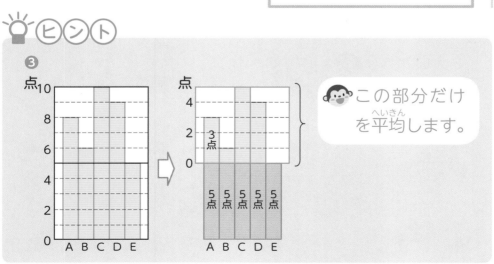

この部分だけを平均します。

例題 4

次の表は、5人の体重を表したものです。次の問いに答えましょう。

名前	A さん	B さん	C さん	D さん	E さん
体重（kg）	34.8	35.4	31.0	33.3	34.6

1 A さんは、C さんの体重より何 kg 重いかを考えて5人の体重の平均（へいきん）を求めることにしました。このような考え方を何といいますか。漢字3文字で答えましょう。

答え：仮［　］［　］

2 次の表を完成させましょう。

名前	A さん	B さん	C さん	D さん	E さん
体重（kg）	34.8	35.4	31.0	33.3	34.6
C さんとの差（kg）	3.8		0		

3 2を利用して、5人の体重の平均（へいきん）を、小数第二位を四捨五入（ししゃごにゅう）したがい数で求めましょう。

［3.8］＋［4.4］＋［0］＋［　.　］＋［　.　］＝［　.　］

［　.　］÷［5］＋［31］＝［　.　］

答え：　　　kg

計算らん

答えは、別冊⑩ページ

ヒント

3

「仮平均（かりへいきん）との差の合計÷個数（こすう）＋仮平均（かりへいきん）＝平均（へいきん）」です。

小5⑤ 単位量あたりの大きさの文章題1「平均」

練習 1

次の表は、花子さんが1日に取り組んだ漢字ドリルの勉強時間を、1週間記録したものです。次の問いに答えましょう。

計算らん

答えは、別冊⑪ページ

曜日	月	火	水	木	金	土	日
勉強時間（分）	8	10	15	9	12	13	10

1 花子さんがこの1週間で漢字ドリルに取り組んだ勉強時間の合計は何分間ですか。

【式】

答え：　　　　分間

2 花子さんの1日の勉強時間の平均は何分間ですか。

【式】

答え：　　　　分間

3 花子さんがこの週と同じように勉強をすると、31日間では全部で何時間何分勉強をすることになりますか。

【式】

答え：　　　　時間　　分

4 花子さんがこの週と同じように勉強をすると、132分間で何問できますか。ただし、1日に取り組む漢字ドリルの問題数は15問です。

【式】

答え：　　　　問

練習 2

右のグラフは、次郎さんの学校の保健室を月曜日から金曜日までに利用した人数を表しています。次の問いに答えましょう。

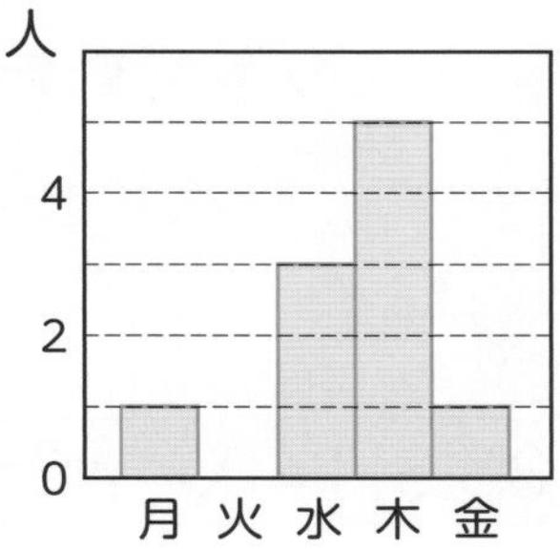

1 月曜日から金曜日までに利用した人は全部で何人ですか。

【式】

答え：　　　　　　人

2 月曜日から金曜日までに利用した人の１日の平均は何人ですか。

【式】

答え：　　　　　　人

3 **2** を利用して、上のグラフをならしたものを、右の方眼の中にかきましょう。

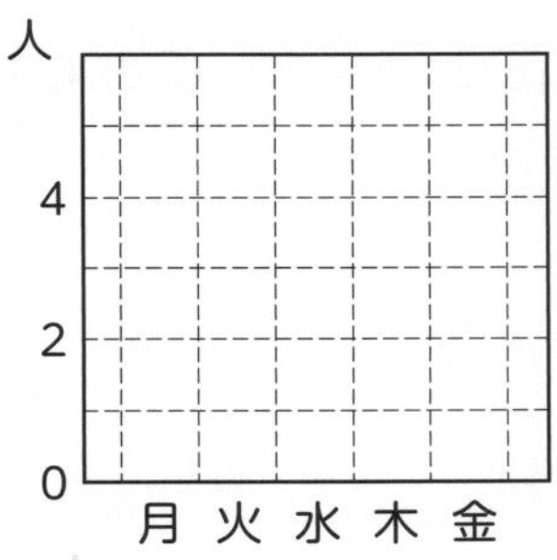

4 次の ☐ にあてはまる言葉を ☐ の中から選んで書きこみましょう。ただし、使わないものがあってもかまいません。

変化　平均　合計　差　個数

☐ × ☐ ＝ ☐

計算らん

答えは、別冊⑪ページ

練習3 次の表は、5人の身長を表したものです。次の問いに答えましょう。

名前	Aさん	Bさん	Cさん	Dさん	Eさん
身長（cm）	138.8	140.4	135.0	143.3	145.6
Cさんとの差（cm）					

1 Cさんの身長を仮平均（かりへいきん）として、上の表を完成させましょう。

2 **1**を利用して、5人の身長の平均（へいきん）を、小数第二位を四捨五入（ししゃごにゅう）したがい数で求めましょう。

【式】

答え：　　　cm

練習4 次の問いに答えましょう。

1 太郎（たろう）さんの家から学校までのきょりは320m、太郎（たろう）さんと花子さんのそれぞれの家から学校までのきょりの平均（へいきん）は350mです。花子さんの家から学校までのきょりは何mですか。

【式】

答え：　　　m

2 一郎（いちろう）さんの体重は35.3kg、二郎（じろう）さんの体重は34.2kg、一郎（いちろう）さんと二郎（じろう）さんと三郎（さぶろう）さんの3人の体重の平均（へいきん）は33.3kgちょうどです。三郎（さぶろう）さんの体重は何kgですか。

【式】

答え：　　　kg

計算らん

答えは、別冊⑪ページ

小5⑤ 単位量あたりの大きさの文章題1「平均」

答えは、別冊⑫ページ

チャレンジ

右の表は、太郎さんのクラスの学級文庫で貸し出された本の冊数を表しています。この週に貸し出された本の冊数の平均は、6冊ちょうどでした。次の問いに答えましょう。

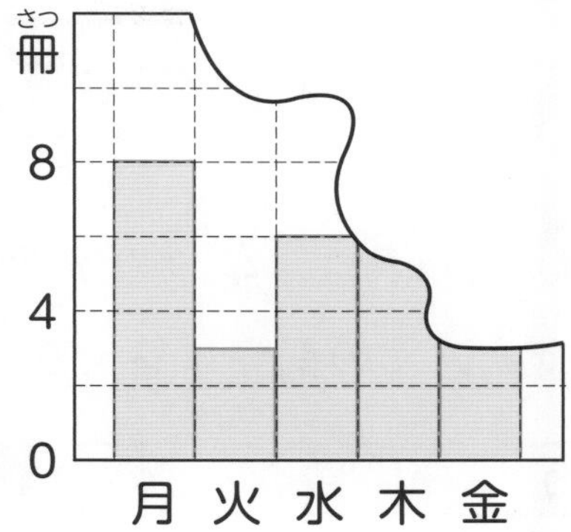

1 木曜日と金曜日に貸し出された本は、合わせて何冊ですか。

【式と計算】

答え：

2 木曜日に貸し出された本は金曜日に貸し出された本よりも5冊多かったそうです。金曜日に貸し出された本は何冊ですか。

【式と計算】

答え：

小5⑥

単位量あたりの大きさの文章題２「混み具合」

つまずきをなくす説明

例題 1 次の表は、４つの水そうの容積とメダカの数を表したものです。次の問いに答えましょう。

水そう	ア	イ	ウ	エ
容積（L）	1	2	2	8
メダカ（ひき）	1	1	4	10

❶ アとイではどちらが混んでいますか。理由も答えましょう。

【理由と答え】　アとイは、メダカの数が［同じ］だから、容積が［小さい］アの方が混んでいます。

❷ イとウではどちらが混んでいますか。理由も答えましょう。

【理由と答え】　イとウは、容積が［同じ］だから、メダカの数が［多い］ウの方が混んでいます。

❸ ウとエはどちらが混んでいますか。1L あたりのメダカの数を求めて考えましょう。

1L あたりのメダカの数が多い方が混んでいます。

ウ…4 ÷ 2 = 2（ひき）

エ…［　］÷［　］=［1.25］（ひき）

答え：

計算らん

答えは、別冊⑫ページ

ヒント

❸は、1 ぴきあたりの容積を求めて考えることもできます。

ウ…2 ÷ 4 = 0.5（L）　エ…8 ÷ 10 = 0.8（L）

1 ぴきあたりの容積が小さいウの方が混んでいます。

例題 2

次の表は、A 市と B 市の面積と人口を表したものです。次の問いに答えましょう。

	A 市	B 市
人口（人）	86416	32400
面積（km^2）	264	112

計算らん

答えは、別冊⑫ページ

1 A 市と B 市の人口密度を四捨五入して、上から 2 けたのがい数で求めましょう。

「人口÷面積＝人口密度」です。

【式】

A 市

□ ÷ □ ＝ □ 四捨五入→ □

B 市

□ ÷ □ ＝ □ 四捨五入→ □

答え： A 市　　　人、B 市　　　人

2 来年、A 市と B 市が合ぺいして C 市になります。C 市の人口密度を四捨五入して、上から 2 けたのがい数で求めましょう。

（A 市の人口密度＋B 市の人口密度）÷ 2 という計算は誤りです。

【式】

合ぺい後の人口

□ ＋ □ ＝ □

合ぺい後の面積

□ ＋ □ ＝ □

合ぺい後の人口密度

□ ÷ □ ＝ □ 四捨五入→ □

答え：　　　人

ヒント

人口密度の求め方

人口（人）÷面積（km^2）＝人口密度（人）

単位に気をつけましょう。

例題 3

次の表は、AとBの水田の面積と収かく量（とれたお米の重さ）を表したものです。次の問いに答えましょう。

水田	A	B
面積（a）	10	12
収かく量（kg）	533	636

1 1a あたりの収かく量を求めましょう。

【式】

A　□ ÷ 10 ＝ □

B　□ ÷ 12 ＝ □

答え：　A　　kg、B　　kg

2 Cの水田の 1a あたりの収かく量はAの水田と同じだったそうです。Cの水田の面積は 25a です。収かく量は何 kg ですか。

【式】　□ × 25 ＝ □

答え：　　kg

3 Dの水田の 1a あたりの収かく量はBの水田と等しく、583kg だったそうです。Dの水田の面積は何 a ですか。

【式】　583 ÷ □ ＝ □

答え：　　a

ヒント

「1a あたりの収かく量」、「水田の面積」、「収かく量」は、右図のような関係です。

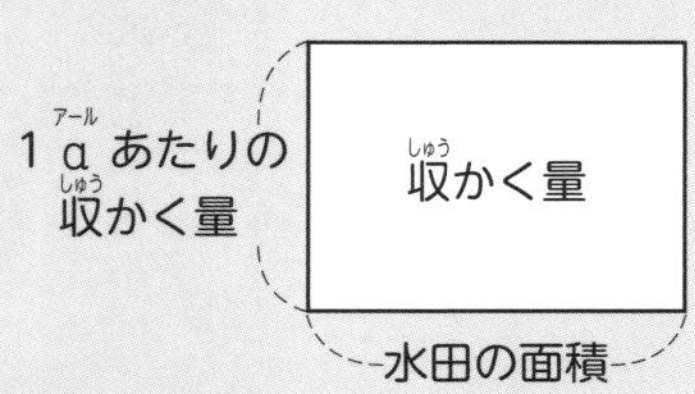

計算らん

答えは、別冊⑫ページ

例題 4

ある文具店では、2本で190円のボールペンAと3本で276円のボールペンBと4本で366円のボールペンCを売っています。次の問いに答えましょう。

1 1本あたりの値段が一番高いボールペンはどれですか。A～Cの記号で答えましょう。

A　□ ÷ 2 ＝ □

B　□ ÷ 3 ＝ □

C　□ ÷ 4 ＝ □

答え：□

2 それぞれのボールペンを12本買います。代金が一番高いボールペンはどれですか。A～Cの記号で答えましょう。

A　12 ÷ 2 ＝ □（倍）

　190 × □ ＝ □

B　12 ÷ 3 ＝ □（倍）

　276 × □ ＝ □

C　12 ÷ 4 ＝ □（倍）

　366 × □ ＝ □

答え：□

計算らん

答えは、別冊⑫ページ

ヒント

買う本数を最小公倍数にそろえると代金を比べることができます。

小5⑥ 単位量あたりの大きさの文章題２「混み具合」

練習１

次の表は、４つの水そうの容積とメダカの数を表したものです。次の問いに答えましょう。

計算らん

答えは、別冊⑬ページ

水そう	ア	イ	ウ	エ
容積(L)	10	20	20	80
メダカ（ひき）	10	10	40	100

1 次の文の（　）の中の正しい方を○で囲みましょう。
アとイは、（　メダカの数　・　容積　）が同じだから、（　メダカの数　・　容積　）が（　大きい　・　小さい　・　多い　・　少ない　）アの方が混んでいます。

2 次の文の（　）の中の正しい方を○で囲みましょう。
イとウは、（　メダカの数　・　容積　）が同じだから、（　メダカの数　・　容積　）が（　大きい　・　小さい　・　多い　・　少ない　）ウの方が混んでいます。

3 アとウはどちらが混んでいますか。１Ｌあたりのメダカの数を求めて考えましょう。

【式】

答え：

4 一番混んでいる水そうはどれですか。ア～エより選び、記号で答えましょう。

答え：

練習 2

次の表は、平成27年度の北海道と九州（除：沖縄県）の面積と人口を表したものです。次の問いに答えましょう。

	人口（人）	面積（km^2）
北海道	5381733	83424
九州	13016329	42231

1 北海道と九州の人口はそれぞれ何人ですか。一万の位を四捨五入（ししゃごにゅう）して、がい数で求めましょう。

答え： 北海道　　　　　　人、九州　　　　　　人

2 北海道と九州の面積はそれぞれ何km^2ですか。百の位を四捨五入（ししゃごにゅう）して、がい数で求めましょう。

答え： 北海道　　　　　　km^2、九州　　　　　　km^2

3 北海道と九州のそれぞれの人口密度（みつど）を、**1** **2** で求めた値（あたい）を用いて計算し、四捨五入（ししゃごにゅう）して、上から2けたのがい数で求めましょう。

【式】

答え： 北海道　　　　　　人、九州　　　　　　人

計算らん

答えは、別冊⑬ページ

練習3

次の表は、AとBの畑の面積とジャガイモの収（しゅう）かく量を表したものです。次の問いに答えましょう。

畑	A	B
面積（a（アール））	10	15
収（しゅう）かく量（kg）	3200	4725

1 1a（アール）あたりの収（しゅう）かく量を求めましょう。

【式】

答え：　A　　　　kg、B　　　　kg

2 Cの畑の1a（アール）あたりの収（しゅう）かく量はAと同じだったそうです。Cの畑の面積は12a（アール）です。収（しゅう）かく量は何kgですか。

【式】

答え：　　　　kg

3 Dの畑の1a（アール）あたりの収（しゅう）かく量はBと等しく、5670kgだったそうです。Dの畑の面積は何a（アール）ですか。

【式】

答え：　　　　a（アール）

練習4

5個（こ）で98円のピーマンAと8個（こ）で150円のピーマンBでは、1個（こ）あたりの値段（ねだん）はどちらが高いでしょう。A、Bの記号で答えましょう。

【式】

答え：

計算らん

答えは、別冊⑬ページ

小5 6 単位量あたりの大きさの文章題２「混み具合」

答えは、別冊⑬ページ

チャレンジ 自動車Ａは35Ｌのガソリンで252km走り、自動車Ｂは70Ｌのガソリンで455km走ります。次の問いに答えましょう。

1 ガソリン１Ｌあたりに走る道のりが長いのは、Ａ、Ｂどちらの自動車で、何km長いですか。

【式と計算】

答え：　　　　　、

2 ガソリン１Ｌが115円のとき、2530円分のガソリンで走る道のりは、Ａ、Ｂどちらの自動車が、何km長いですか。

【式と計算】

答え：　　　　　、

コラム③

「俵は全部でいくつ？」～俵杉算～

イラストは日本の国技「すもう」の様子です。すもうは「土俵」の上で戦われます。すもうは古代から伝わる日本の伝統スポーツですが、今のような形式になったのは江戸時代のころからで、当時の土俵は小さな米俵の中に砂や玉じゃりを入れたものが使われていました。米俵というのは、お米を入れるためにわらで作られたふくろのことです。

米俵はイラストのように上にいくにつれて数が１つ少なくなるように積まれます。そのような積まれ方をした米俵の個数を数える計算方法が「俵杉算」という和算です（高校の数学では「等差数列」として学びます）。

そんな「俵杉算」とは、いったいどのような計算なのでしょうか？

（俵杉算を利用した米俵の数え方）

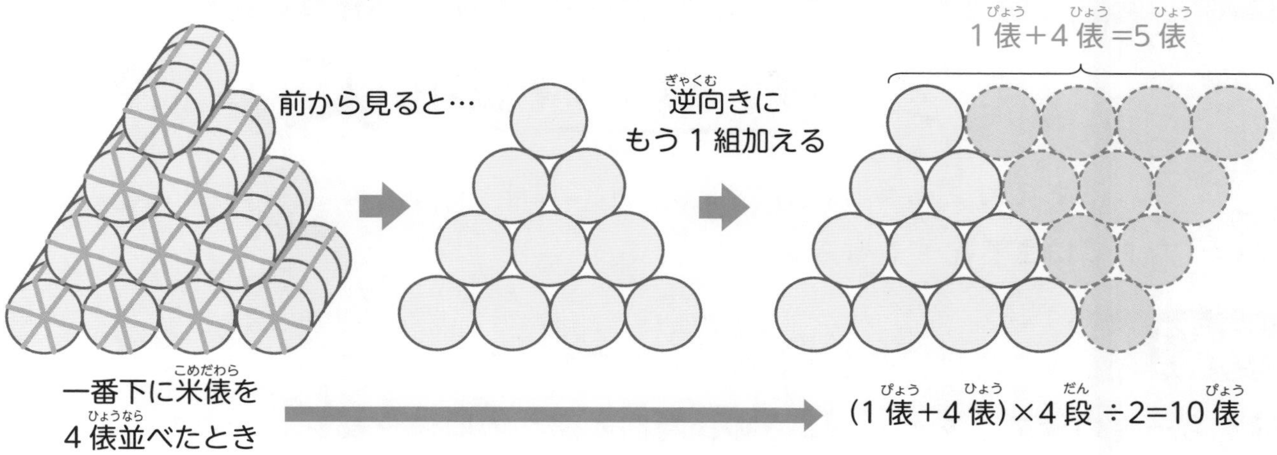

一番下が4俵のときは俵が4段に積まれるので、上の図のように計算することができます。1段上にいくと1俵少なくなり、一番上が1俵になるまで米俵を積んでいくとすれば、一番下にある米俵の数を数えるだけで、米俵の全部の個数を求めることができます。

俵杉算

一番下にある米俵の数が□俵のとき

（1＋□）×□÷2＝米俵の総数

下のように米俵を積むと、全部で何俵になるかわかるかな？

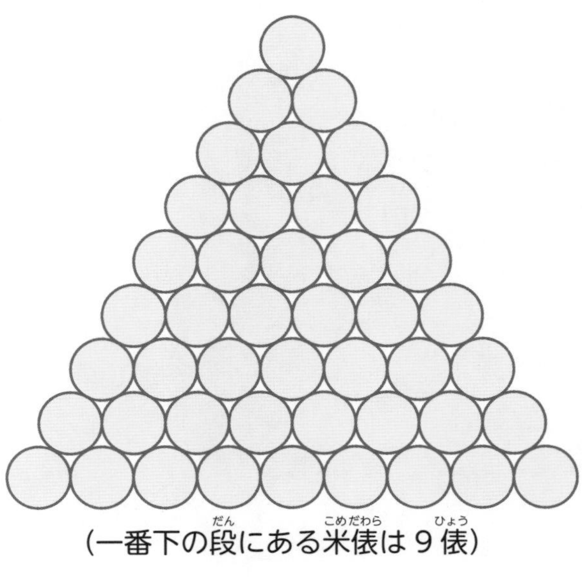

（一番下の段にある米俵は9俵）

答えは124ページ

小5 ⑦

比例の文章題

つまずきをなくす説明

［　］にはあてはまる数や□、○を、◯には＋、－、×、÷のうちあてはまる記号を書きましょう。

計算らん

答えは、別冊⑭ページ

例題 1 次の表は、直方体の形をした空の水そうに水道管から一定の量で水を入れたときの、時間と深さの関係を表しています。

水を入れた時間（分）	1	2	3	4	5
水の深さ（cm）	5	10	ア	20	25

❶ 水の深さは1分間に何cmずつ増えていますか。

【考え方】 時間の増え方と深さの増え方を読み取りましょう。

水を入れた時間（分）	1	2	3	4	5
水の深さ（cm）	5	10	ア	20	25

答え：　　　　cm

❷ 表のアにあてはまる数を求めましょう。

【考え方】 「はしご」をかくと右のようになります。

	時間	深さ	
3倍	1分 …	5cm	3倍
	3分 …	? cm	

時間が3倍になると深さも3倍になります。

【式】 5 × 3 ＝［　］

答え：

例題 2 次の表は、ある液体の体積と重さの関係を表しています。

液体の体積（L）	1	2	3	4	5
液体の重さ（kg）	3	6	9	12	15

1 液体 2L の重さは、液体 1L の重さの何倍ですか。

2L の重さは 6kg、1L の重さは 3kg です。

【式】 6 ÷ 3 = □

答え：　　　倍

2 液体 3L の重さは、液体 1L の重さの何倍ですか。

【式】 9 ÷ 3 = □

答え：　　　倍

3 液体の体積が 2 倍、3 倍、…となると、液体の重さはどのように変わっていきますか。

【考え方】

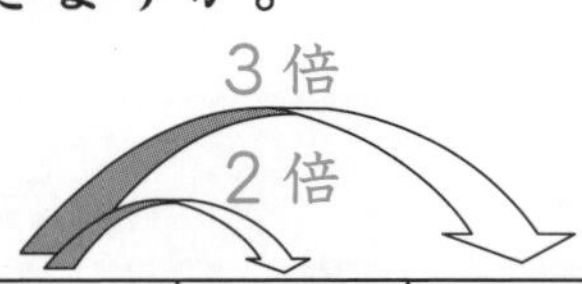

液体の体積（L）	1	2	3	4	5
液体の重さ（kg）	3	6	9	12	15

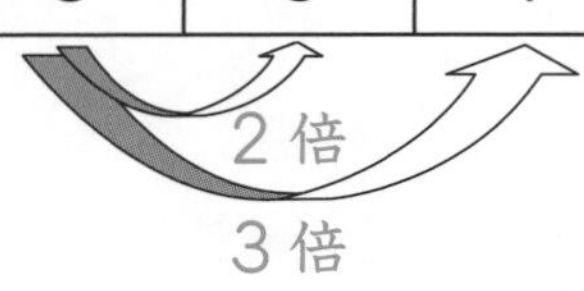

1、2の答えから考えてみましょう。

答え：　　倍、　　倍、…となる

ポイント

一方が 2 倍、3 倍、…となると、他方も 2 倍、3 倍、…となるとき、2 つの量は「比例している」といいます。

計算らん

答えは、別冊⑭ページ

例題 3

次の表は、ある針金(はりがね)の長さと重さの関係を表しています。

針金(はりがね)の長さ（cm）	1	2	3	4	□
針金(はりがね)の重さ（g）	8	16	24	32	○

1 針金(はりがね)の長さ 2cm に対応(たいおう)する針金(はりがね)の重さは何 g ですか。

表の「2(cm)」の下に書かれている数のことです。

答え：　　　　g

2 長さと、それに対応(たいおう)する重さについて、重さ÷長さはどんな数になっていますか。

【考え方】　表の中で「下÷上」を調べてみると、どの列（□で囲(かこ)まれた部分）でも 8 になっています。

針金(はりがね)の長さ（cm）	1	2	3	4	□
針金(はりがね)の重さ（g）	8	16	24	32	○
重さ÷長さ	8	8	8	8	

答え：

3 長さを□ cm、重さを○ g とするとき、□と○の関係を 2 通りの式に表しましょう。

□と○についても、「重さ（○）÷長さ（□）」は**2**と同じ数です。

答え：

○ ÷ □ ＝ 8

8 × □ ＝ ○

計算らん

答えは、別冊⑭ページ

例題 4

次のことがらで、ともなって変わる２つの量が比例しているのはどれですか。すべて選んで記号で答えましょう。

ア．ロウソクの燃えた長さと残りの長さ
イ．画用紙の面積と重さ
ウ．リンゴの値段と重さ
エ．正方形の１辺の長さと周りの長さ

【考え方】

ア．はじめの長さが 5cm のロウソクについて調べてみましょう。

燃えた長さ（cm）	0	1	2	3	4	5
残りの長さ（cm）	5	4	3	2	1	0

一方が２倍、３倍、…となると、他方も２倍、３倍、…となっているでしょうか。

イ．1cm^2 の重さが 0.1g の画用紙の場合を考えてみましょう。

画用紙の面積（cm^2）	1	2	3	4	5
画用紙の重さ（g）	0.1	0.2	0.3	0.4	0.5

ウ．果物売り場にあるリンゴは、値段が同じでも重さは少しずつちがいます。

エ．正方形の１辺の長さに対応する周りの長さについては、いつでも「周りの長さ÷１辺の長さ＝４」です。

答え：

計算らん

答えは、別冊⑭ページ

ヒント

比例では、対応している２つの量の商が、いつでも決まった数になっています。

小5⑦ 比例の文章題

□にはあてはまる数や□、○を、○には＋、－、×、÷のうちあてはまる記号を書きましょう。

計算らん

答えは、別冊⑭ページ

練習 1 次の表は、直方体の形をした空の水そうに水道管から一定の量で水を入れたときの、時間と体積の関係を表しています。

水を入れた時間（分）	1	2	3	4	イ
水の体積（L）	2	4	ア	8	10

1 水の体積は1分間に何Lずつ増えていますか。

答え：　　　L

2 表のアにあてはまる数を求めましょう。

【式】□ ○ □ ＝ □

答え：

3 表のイにあてはまる数を求めましょう。

【式】□ ○ □ ＝ □

答え：

4 水を入れる時間が2倍、3倍、…となると、入る水の体積はどのように変わっていきますか。

答え：　　倍、　　倍、…となる

練習 2

次の表は、おもちゃの自動車が進む時間と道のりの関係を表しています。

進む時間（秒）	1	2	3	4	□
道のり（cm）	10	20	30	40	○

1 進む時間3秒に対応(たいおう)する道のりは何cmですか。

答え：　　　　cm

2 進む時間と、それに対応(たいおう)する道のりについて、道のり÷時間はどんな数になっていますか。

答え：

3 対応(たいおう)する道のり÷時間が決まった数になっている関係のことなんといいますか。漢字2文字で答えましょう。

答え：

4 進む時間を□秒、道のりを○cmとするとき、□と○の関係を2通りの式に表しましょう。

答え：
□ ÷ □ ＝ □
□ × □ ＝ □

計算らん

答えは、別冊⑭ページ

練習 3

次のことがらで、ともなって変わる２つの量が比例しているのはどれですか。すべて選んで記号で答えましょう。

ア．縦の長さが 4cm の長方形の横の長さと面積
イ．ミカンの値段と大きさ
ウ．正三角形の１辺の長さと周りの長さ
エ．人間の年れいと身長
オ．ある本の読んだページ数と残りのページ数

答え：

練習 4

次の表は、かべにペンキをぬるときに、ペンキでぬる面積と使うペンキの量の関係を表しています。

ペンキをぬる面積（m^2）	5	10	15	20	25
ペンキの量（L）	2	4	6	ア	10

1 ペンキをぬる面積と、それに対応するペンキの量について、ペンキの量÷ペンキをぬる面積はどんな数になっていますか。

答え：

2 表のアにあてはまる数を求めましょう。

【式】 □ ○ □ ＝ □

答え：

計算らん

答えは、別冊⑮ページ

小5⑦ 比例（ひれい）の文章題

答えは、別冊⑮、⑯ページ

チャレンジ1

同じえん筆20本の重さを量ると132gでした。このえん筆の何本かの重さを量ると13.2kgありました。えん筆の本数は何本ですか。

【式と計算】

答え：

チャレンジ2

画用紙から星形のカードを切り取り、そのカードの重さを量ると0.45gありました。同じ画用紙で1辺10cmの正方形を切り取り、その重さを量ると1.8gでした。星形のカードの面積は何cm^2ですか。

【式と計算】

答え：

小5⑧

百分率とグラフの文章題

つまずきをなくす説明

例題1 □にはあてはまる数を、○には＋、－、×、÷のうちあてはまる記号を書きましょう。

計算らん

答えは、別冊⑯ページ

❶ ある果物店では、仕入れたリンゴ50個のうち、80％が売れました。売れたリンゴは何個ですか。

【考え方】

仕入れたリンゴ 50個	0.8倍 →	売れたリンゴ ？個

80％＝0.8です。

【式】 50 × 0.8 ＝ □

答え：　　　個

❷ ある県では5月の降水量は142mmで、6月の降水量は5月の130％でした。6月の降水量は何mmですか。

【考え方】

5月の降水量 142mm	1.3倍 →	6月の降水量 ？mm

130％＝1.3です。

【式】 142 × 1.3 ＝ □

答え：　　　mm

ヒント

もとにする量	割合（倍） →	比べる量

例題 2

□にはあてはまる数を、○には＋、－、×、÷のうちあてはまる記号を書きましょう。

計算らん

答えは、別冊⑯ページ

1 ある果物店では、仕入れたリンゴの 80％にあたる 96 個が売れました。仕入れたリンゴは何個ですか。

【考え方】

仕入れたリンゴ	0.8 倍 →	売れたリンゴ
？個		96 個

80％＝0.8 です。

【式】 96 ÷ 0.8 ＝ □

答え：　　　　個

2 ある県では 6 月の降水量は 186mm で、これは 5 月の降水量の 150％でした。5 月の降水量は何 mm ですか。

【考え方】

5 月の降水量	1.5 倍 →	6 月の降水量
？ mm		186mm

？× 1.5 ＝ 186 です。

【式】 186 ÷ 1.5 ＝ □

答え：　　　　mm

ヒント

「比べる量÷割合＝もとにする量」で求めます。

もとにする量	×割合 → ← ÷割合	比べる量

例題 3

あるせん魚店では、夕方のセールに1000円のタイを20%引きで売っています。□にはあてはまる数を、○には＋、－、×、÷のうちあてはまる記号を書きましょう。

計算らん

答えは、別冊⑯ページ

1 1000円の20%は何円ですか。

【式】 1000 ○× 0.2 ＝ □

答え：　　　円

2 このタイの値段は何円ですか。

【式】 1000 ○− 200 ＝ □

答え：　　　円

3 このタイの値段を（　）を使い、1つの式で求めましょう。

100%－20%＝80%が値引き後の値段です。

【式】

1000 ○× （ 1 ○− 0.2 ）＝ □

答え：　　　円

ヒント

20%値引きをすると、1000円の80%になります。

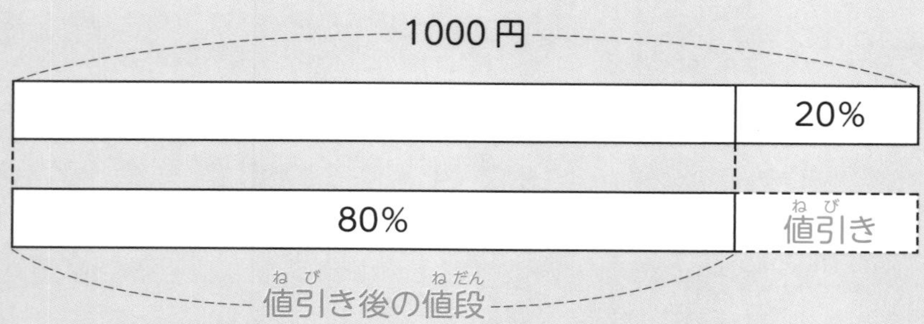

例題 4

次の帯グラフは花子さんが学校で調べた「なりたい職業(しょくぎょう)」をまとめたものです。□ にあてはまる数を書きましょう。

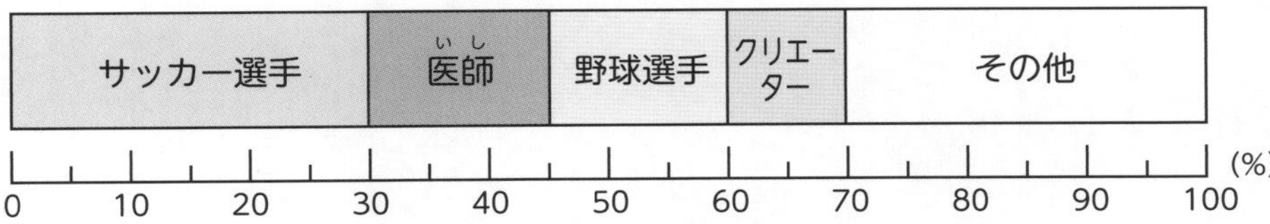

1 サッカー選手は全体の何％ですか。

【考え方】 グラフの目もりの0から30までなので □ ％です

答え：　　　％

2 野球選手とクリエーターを合わせると全体の何分の1になりますか。

【式】 0.15 ＋ 0.1 ＝ □ ＝ 1/□

答え：

3 右の円グラフは女子のなりたい職業(しょくぎょう)についてです。女子は全部で何人ですか。

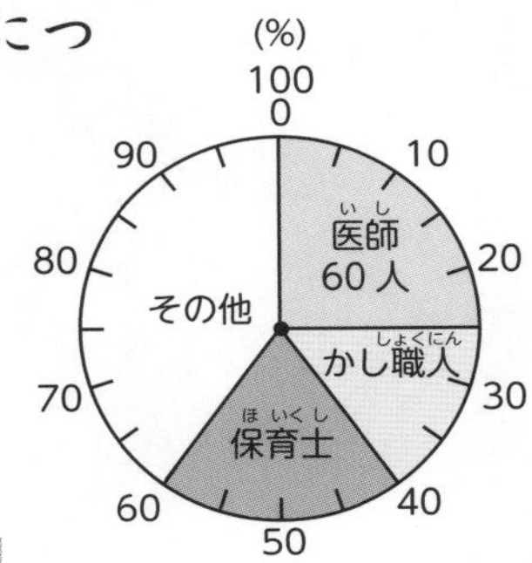

【考え方と式】

医師(いし)になりたい60人が女子全部の □ ％にあたるので、

60 ÷ 0.25 ＝ □

答え：　　　人

4 じゅう医になりたい女子は24人です。これは女子全体の何％ですか。

【式】 24 ÷ 240 ＝ 0.1 → □ ％

答え：　　　％

計算らん

答えは、別冊⑯ページ

ヒント

グラフの読み方はものさしと同じです。

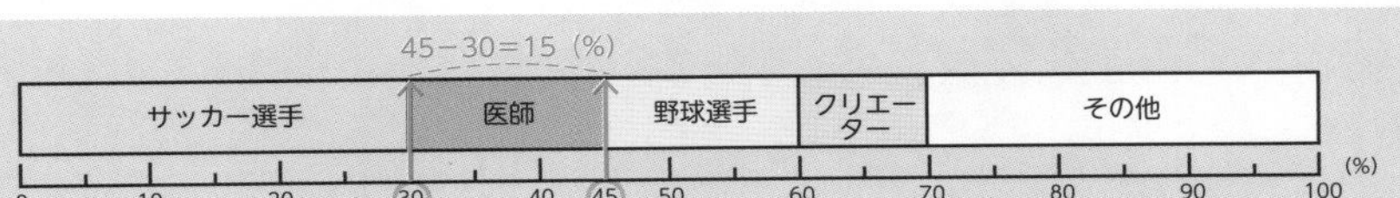

小5⑧ 百分率とグラフの文章題

練習 1 次の問いに答えましょう。

計算らん

答えは、別冊⑰ページ

1 ある果物店では、仕入れたリンゴ100個のうち、75%が売れました。売れたリンゴは何個ですか。

【式】

答え：　　　　個

2 ある果物店では、リンゴが30個売れました。これは仕入れたリンゴの50%にあたるそうです。仕入れたリンゴは何個ですか。

【式】

答え：　　　　個

3 ある県では5月の降水量は125mmで、6月の降水量は5月の120%でした。6月の降水量は何mmですか。

【式】

答え：　　　　mm

4 ある県では12月の降水量が48mmで、これは11月の降水量の80%でした。11月の降水量は何mmですか。

【式】

答え：　　　　mm

練習 2 開店 10 周年セール中のある青果店では、全品を 10%引きではん売しています。次の問いに答えましょう。

計算らん

答えは、別冊⑰ページ

1 いつも 200 円で売っているトマトの値引きは何円ですか。

【式】

答え：　　　　円

2 開店 10 周年セール中、トマトは何円で売られていますか。

【式】

答え：　　　　円

3 いつも 150 円で売っているピーマンは、開店 10 周年セール中、何円で売られていますか。1 つの式で求めましょう。

【式】

答え：　　　　円

練習 3 次のグラフは太郎さんの学級で 1 か月間に貸し出された本の種類をまとめたものです。

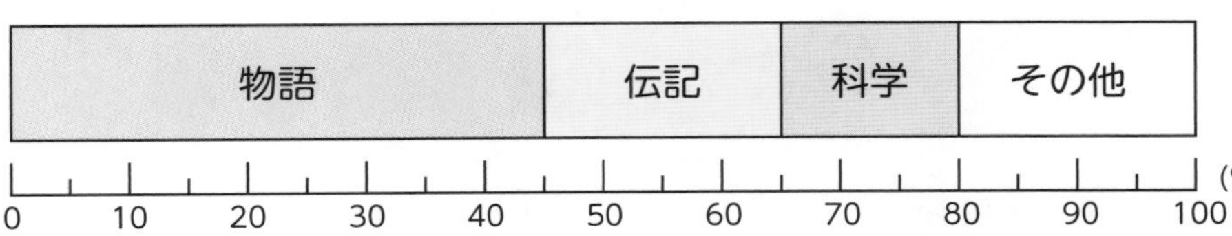

1 物語は科学の何倍ですか。

【式】

答え：　　　　倍

2 伝記は 12 冊です。1 か月間に貸し出された本は全部で何冊ですか。

【式】

答え：　　　　冊

練習 4

下のグラフは、1年間にA県とB県をおとずれた外国人についてまとめたものです。A県をおとずれた外国人は全部で180万人です。次の問いに答えましょう。

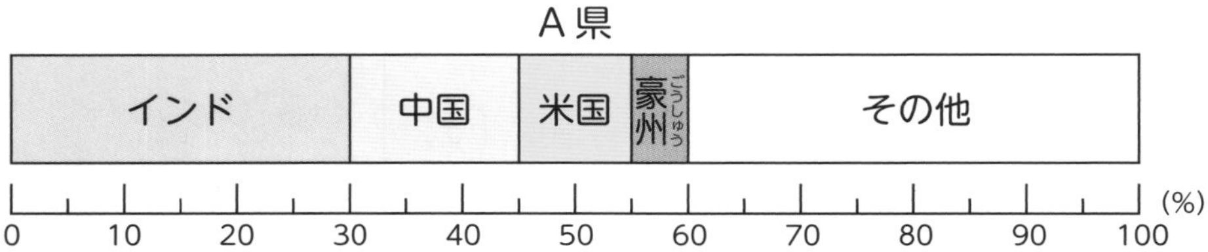

1 インドからA県をおとずれた人は、A県をおとずれた外国人全体の何%ですか。

答え：　　　　　　　%

2 米国からB県をおとずれた人は20000人でした。B県をおとずれた外国人は全部で何人ですか。

【式】

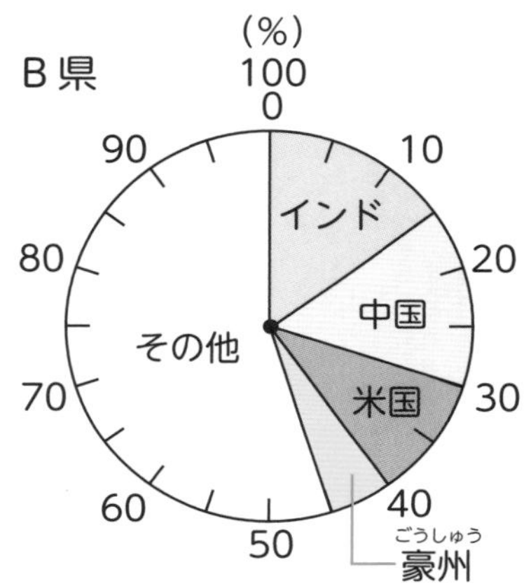

答え：　　　　　　　人

3 中国からA県をおとずれた人数とB県をおとずれた人数はどちらが多いですか。または同じですか。

どちらの県でも15%ですが、A県全体の訪問(ほうもん)者数とB県全体の訪問(ほうもん)者数はちがいます。

答え：

計算らん

答えは、別冊⑰ページ

小5⑧ 百分率とグラフの文章題

答えは、別冊⑰、⑱ページ

チャレンジ1

A 商店では 1 つ 1600 円で仕入れた商品アに、25%の利益をつけて売っています。B 商店では商品アを 2200 円で売っていましたが、今日だけ 10%引きで売っています。どちらの商店が何円安いですか。

【式と計算】

答え：　　　商店の方が　　　円安い

チャレンジ2

右の表は、先月の太郎さんのおこづかいの使いみちを表しています。表と円グラフを完成させましょう。

本代	400 円	50%
おかし代	200 円	ア
貯金	160 円	イ
その他	ウ	エ
合計	オ	100%

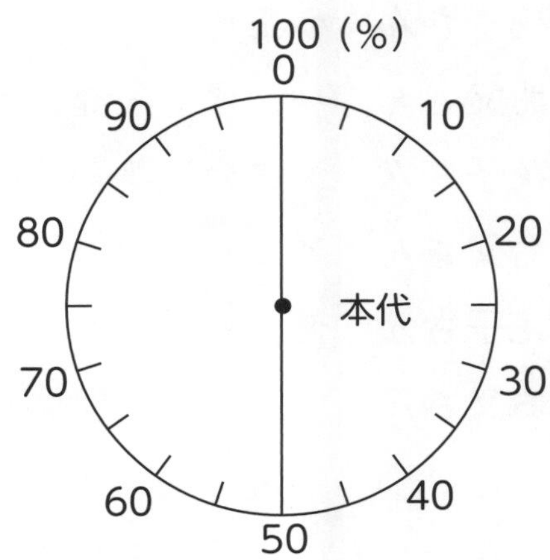

【式と計算】

答え：ア　　イ　　ウ　　エ　　オ

コラム④

「何人集まればお得？」～団体割引～

花子さん：冬は星座がとてもきれいに見えるね。
お父さん：空気がすんでいるからね。
花子さん：今度、子ども会で星座を見に行くことになっているの。
お父さん：そうなんだ。夜は寒いから、かぜをひかないようにね。
花子さん：子ども会だから夜じゃなくて、お昼に行くの。
お父さん：昼間に星座……？
花子さん：うん、そうだよ。
お父さん：フーン。そうか、わかったよ。プラネタリウムだね。
花子さん：大正解！
お父さん：バス代や入館料がいくらするか、もうわかっているのかい？
花子さん：天文台に集合なのでバス代はわかっているけど、入館料はまだなの。
お父さん：どうしてだい？
花子さん：何でもたくさんの人で行くと、割引があるらしいの。
お父さん：なるほど、団体割引というやつだね。

花子さんは、子ども会で天文台に行くようですね。

花子さんが行こうとしている天文台の入館料は、小学生は１人150円ですが、20人以上でまとまって行くと１人の入館料が120円になります。

（当日、天文台で引率する鈴木さんのお父さんが、みんなを集めています）

鈴木さん：みんな、おはようさん。

子供たち：おはようございます。

鈴木さん：さて、参加予定者は全員集まったかな……。赤井さん、井上さん、太田くん、加藤さん、……、吉田くんと、全部で18人だね。

花子さん：佐藤さんが欠席すると今朝電話がありました。鈴木さんにも連らくすると言っていました。

鈴木さん：（けい帯電話を見て）本当だ。見落としていたな。失敗、失敗。じゃあ、これで全員だね。わたしはこの天文台の年間パスポートを持っているから、君たちの分だけきっぷを買うことにしよう。

太郎くん：小学生は150円だから18人だと……、2700円かな？

鈴木さん：すごい！　太郎くんは計算が得意なんだね。でももう少し安くなる場合もあるんだよ。

太郎くん：どういうことですか？

鈴木さん：実際には20人いないんだけれど、もし20人分の団体割引きっぷを買えるとどうなるかな？

花子さん：団体割引のきっぷだと、小学生は1人120円になるのよね。

太郎くん：すると 120×20 なので……、2400円。本当だ、300円も安くなる！

鈴木さん：そうなんだ。だから、団体割引きっぷを買うことができれば、その方がお得になるんだよ。

今回は300円安くなりましたが、団体割引を買ったほうがお得になるのは何人以上か、みなさんはわかりますか？

		通常	団体割引（20人以上）
おとな	1人・・・	450円	360円
中高生	1人・・・	250円	200円
小学生	1人・・・	150円	120円

答えは124ページ

速さの文章題

つまずきをなくす説明

□にはあてはまる数を、○には＋、－、×、÷のうちあてはまる記号を書きましょう。

計算らん

答えは、別冊⑱ページ

例題 1 右の表は、太郎さんと次郎さんが歩いた道のりと時間を表したものです。

	道のり (m)	時間 (分)
太郎さん	150	2
次郎さん	180	3

1 太郎さんは1分間に何m歩きましたか。

【考え方】「はしご」をかくと右のようになります。

	時間	道のり	
÷2 ↓	2分 …	150m	↓ ÷2
	1分 …	？m	

時間が半分になると道のりも半分になります。

【式】 150 ◯÷ 2 ＝ □

答え：　　　m

2 どちらが速いでしょう。

【考え方】 次郎さんが1分間に歩く道のりを計算しましょう。

1分間に歩く道のりが長い人の方が速いです。

【式】 180 ◯÷ 3 ＝ □

答え：　　　さん

例題 2 時速 36km で進むバスがあります。

計算らん

答えは、別冊⑱ページ

1 このバスが 2 時間で進む道のりは何 km ですか。

時速 36km は、1 時間に 36km の道のりを進むということです。

【式】 36 × 2 ＝ □

答え：　　　　km

2 このバスの速さは分速何 m ですか。

「分速」は 1 分間に進む道のりのことですから、36km を「m」、1 時間を「分」に直して考えましょう。

【式】 36000 ÷ 60 ＝ □

答え：分速　　　　m

3 このバスが 3 分間に進む道のりは何 m ですか。

【式】 600 × 3 ＝ □

答え：　　　　m

ヒント

「速さ×時間＝道のり」です。
時間の単位を、時速のときは「時間」、分速のときは「分」、秒速のときは「秒」に直してから計算しましょう。

例題 3 花子さんの家から公園までの道のりは 800m です。

計算らん

答えは、別冊⑱ページ

❶ 花子さんが分速 80m の速さで歩くと、家から公園までにかかる時間は何分ですか。

1 分間に 80m 進むことができます。

【式】 800 ÷ 80 ＝ □

答え：　　　分

❷ 花子さんが分速 160m の速さの自転車で行くと、家から公園までにかかる時間は何分ですか。

【式】 800 ÷ 160 ＝ □

答え：　　　分

❸ 花子さんは、はじめ、家から 480m まで分速 160m の速さの自転車で行き、残り 320m は自転車をおして分速 40m の速さで公園に行きました。家から公園まで何分かかりましたか。

【式】 480 ÷ 160 ＝ □

320 ÷ 40 ＝ □

□ ＋ □ ＝ □

答え：　　　分

ヒント

「道のり÷速さ＝時間」です。

例題 4 速さを切りかえられるおもちゃの自動車があります。

計算らん

答えは、別冊⑲ページ

1 スイッチを「低」にすると、80cm 進むのに 2 秒かかりました。「低」のときの速さは秒速何 cm ですか。

1 秒間に進む道のりを求めましょう。

【式】 80 ÷ 2 = □

答え： 秒速　　cm

2 スイッチを「中」にすると、150cm 進むのに 3 秒かかりました。「中」のときの速さは秒速何 cm ですか。

【式】 150 ÷ 3 = □

答え： 秒速　　cm

3 スイッチを「高」にすると、2.4m 進むのに 4 秒かかりました。「高」のときの速さは秒速何 cm ですか。

2.4m ＝ 240cm です。

【式】 240 ÷ 4 = □

答え： 秒速　　cm

ヒント

「道のり÷時間＝速さ」です。

小5⑨ 速さの文章題

□ にはあてはまる数を、○ には＋、－、×、÷のうちあてはまる記号を書きましょう。

計算らん

答えは、別冊⑲ページ

練習 1

ある工場では、機械Ａを使うと３時間で120個、機械Ｂを使うと２時間で90個のおもちゃを作ることができます。

1 どちらの機械が速くおもちゃを作れますか。

【式】 □ ○ □ ＝ □

…機械Ａが１時間に作るおもちゃの個数

□ ○ □ ＝ □

…機械Ｂが１時間に作るおもちゃの個数

答え：機械　　の方が速い

2 機械Ａが600個のおもちゃを作る時間で、機械Ｂは何個のおもちゃを作りますか。

1 の計算でわかったことが使えます。

【式】 □ ○ □ ＝ □

…機械Ａが600個のおもちゃを作る時間

□ ○ □ ＝ □

答え：　　　　個

練習 2

A 駅から B 駅、C 駅を通って D 駅まで行くふつう電車があります。

計算らん

答えは、別冊⑲ページ

1 ふつう電車は A 駅から B 駅までの 1.5km に 3 分かかります。ふつう電車の速さは分速何 m ですか。

1.5km ＝ 1500m です。

【式】□ ○ □ ＝ □

答え：　分速　　　m

2 B 駅から C 駅までは 2.5km あります。ふつう電車は B 駅から C 駅まで行くのに何分かかりますか。

2.5km ＝ 2500m です。

【式】□ ○ □ ＝ □

答え：　　　分

3 ふつう電車は、C 駅から D 駅まで 2 分かかります。C 駅から D 駅までは何 m ありますか。

【式】□ ○ □ ＝ □

答え：　　　m

ヒント

道のり÷時間＝速さ　道のり÷速さ＝時間
速さ×時間＝道のり

練習 3 Aさんは、600mを時速3kmで歩きました。このときに何分かかったかを求める正しい式は、下のア～カのうちのどれですか。すべて選んで記号で答えましょう。

ア．600 ÷ 3　　　　イ．3 ÷ 600
ウ．0.6 ÷ 3 × 60　　エ．600 × 50
オ．600 ÷ 50　　　　カ．50 ÷ 600

正しい答えは2つあります。

答え：

練習 4 太郎（たろう）さんは、210mを3分30秒で歩きました。

1 太郎（たろう）さんが歩く速さは分速何mですか。

【式】3分30秒＝□分

□○□＝□

答え：分速　　m

2 太郎（たろう）さんがこの速さで歩くと、5分間で何m進みますか。

【式】□○□＝□

答え：　　m

計算らん

答えは、別冊⑲、⑳ページ

小5⑨ 速さの文章題

答えは、別冊⑳ページ

チャレンジ1

時速 48km の速さで 60km 進むのにかかる時間は何分ですか。

【式と計算】

答え：

チャレンジ2

花子さんが展望(てんぼう)台から山に向かって「ヤッホー」とさけぶと、1.8 秒後に「ヤッホー」とこだまが返ってきました。音の速さを秒速 340m とすると、展望(てんぼう)台から山までは何 m あることになりますか。

【式と計算】

答え：

小5⑩ きまりを見つけて解く文章題

つまずきをなくす説明

例題 1 長さ 1cm の針金を並べて、図のように横一列に正方形をつないだ形を作ります。次の問いに答えましょう。

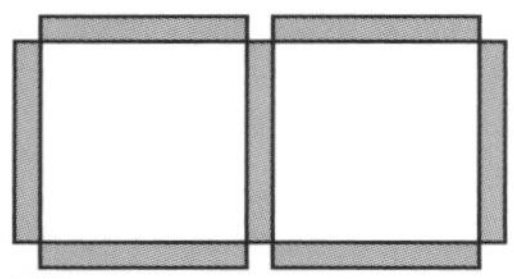

針金7本　正方形2個

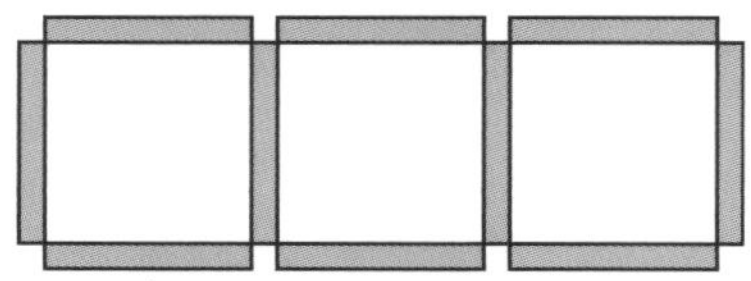

針金10本　正方形3個

❶ 正方形が 1 個のとき、針金の本数は 4 本です。これに正方形を 1 個つけたすと、針金は何本増えますか。上の図を見て答えましょう。

答え：　　　　本

❷ 正方形が 1 個のとき、針金の本数は 4 本です。これに正方形を 2 個つけたすと、針金は何本増えますか。上の図を見て答えましょう。

答え：　　　　本

❸ 正方形を 6 個つないだ形を作るとき、針金の本数は全部で何本ですか。

針金の本数は 3 本ずつ増えていきます。

【式】 4 + 3 × (6 − 1) = □

答え：　　　　本

計算らん

答えは、別冊⑳ページ

ヒント

❸

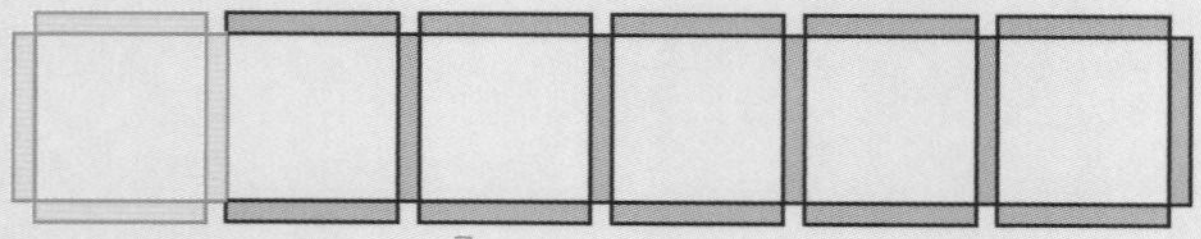

はじめの正方形に5個の正方形をつけたした形です。

例題2 長さ1cmの針金を並べて、図のように正三角形をつないだ形を作ります。次の問いに答えましょう。

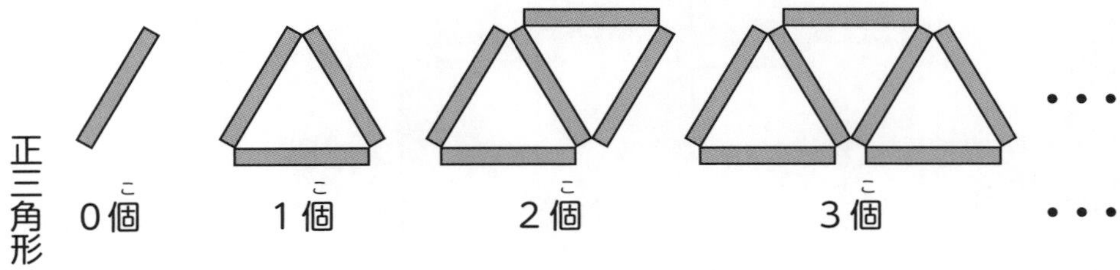

① 正三角形の個数と針金の本数を下の表にまとめましょう。

正三角形（個）	0	1	2	3	…
針金（本）	1	3	5		…

② 正三角形の個数が1個増えると、針金は何本増えますか。

答え：　　　　本

③ 正三角形の個数が4個のとき、針金は何本ですか。

針金の本数は2本ずつ増えていきます。

【式】 1 ＋ 2 × 4 ＝ □

答え：　　　　本

計算らん

答えは、別冊⑳ページ

ヒント

正三角形が0個のとき　1本
正三角形が**1**個のとき　1本＋2本×**1**＝3本
正三角形が**2**個のとき　1本＋2本×**2**＝5本
正三角形が**3**個のとき　1本＋2本×**3**＝7本
のように、計算の方法にきまりがあります。

例題 3

1辺が10cmの正方形の紙を重ねて並(なら)べます。右の図は正方形が3枚(まい)のときです。次の問いに答えましょう。

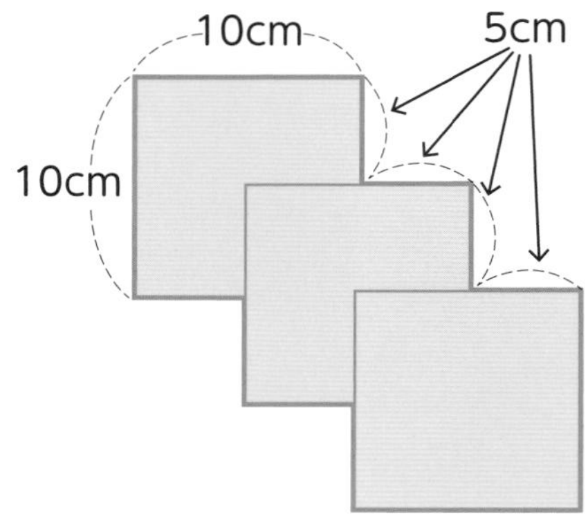

計算らん

答えは、別冊㉑ページ

1 図の周り（赤い太線部分）の長さは何cmですか。

答え：　　　　cm

2 次の表を完成させましょう。

紙（枚(まい)）	1	2	3	4	…
周り (cm)	40	60	80		…

3 紙が1枚(まい)増(ふ)えると、周りの長さは何cm増(ふ)えますか。

答え：　　　　cm

4 紙が5枚(まい)のときの周りの長さを求めましょう。

【式】 40 ＋ 20 × (5 − 1) ＝ □

答え：　　　　cm

ヒント

紙の枚数(まいすう)から1をひいた数が、かける数です。

紙が1枚(まい)のとき　40cm
紙が2枚(まい)のとき　40cm+20cm × 1 = 60cm
紙が3枚(まい)のとき　40cm+20cm × 2 = 80cm
紙が4枚(まい)のとき　40cm+20cm × 3 = 100cm
のように、計算の方法にきまりがあります。

例題4

ご石を右の図のように正方形の形に並べます。次の問いに答えましょう。

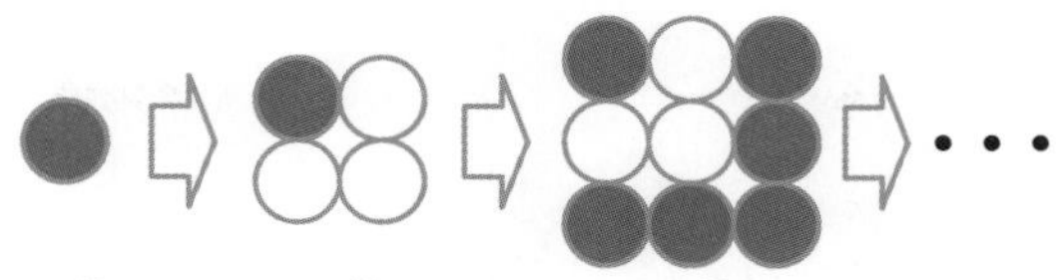

❶ 図を見て次の □ の中にあてはまる数を書きましょう。

1回… 1個

2回… 1 ＋ 3 ＝ □ (個)

3回… 1 ＋ 3 ＋ 5 ＝ □ (個)

❷ 図を見て別の計算方法を考えましょう。

1回… 1個

2回… 2 × 2 ＝ □ (個)

3回… 3 × 3 ＝ □ (個)

❸ ご石を4回並べました。ご石は全部で何個ですか。❶と❷の2つの方法で求めましょう。

❶の方法 1 ＋ 3 ＋ 5 ＋ 7 ＝ □ (個)

❷の方法 4 × 4 ＝ □ (個)

答え：　　　　個

計算らん

答えは、別冊㉑ページ

ヒント

増える個数に着目する方法と、正方形の面積の求め方を利用する方法の2つの方法があります。

小5⑩ きまりを見つけて解く文章題

練習 1 長さ 1cm の針金を並べて、図のように横一列に正方形をつないだ形を作ります。次の問いに答えましょう。

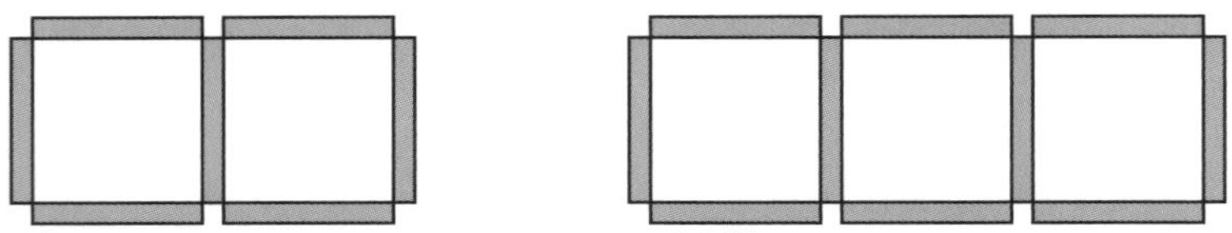

針金7本　正方形2個　　　針金 10 本　正方形3個

1 正方形が 4 個の形を作ります。針金の本数は全部で何本ですか。

【式】

答え：　　　　本

2 正方形が 5 個の形を作ります。針金の本数は全部で何本ですか。

【式】

答え：　　　　本

3 正方形が 10 個の形を作ります。針金の本数は全部で何本ですか。

【式】

答え：　　　　本

計算らん

答えは、別冊㉑ページ

練習2

１辺が10cmの正方形の紙を重ねて並べます。次の問いに答えましょう。

図１

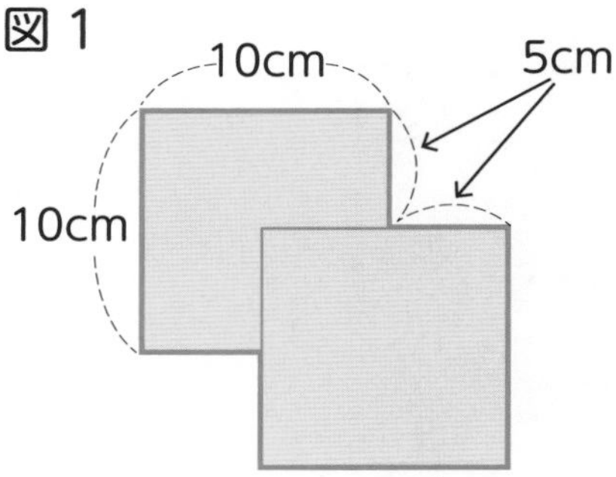

図２

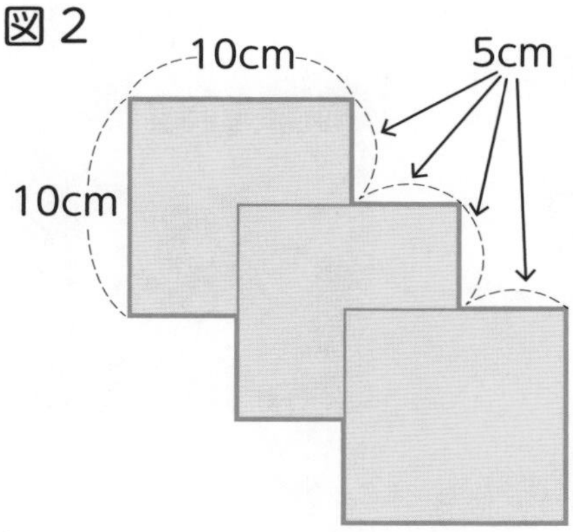

1 図１の赤い太線部分で囲まれた図形の面積は何 cm^2 ですか。

【式】

答え：　　　　cm^2

2 図２の赤い太線部分で囲まれた図形の面積は何 cm^2 ですか。

【式】

答え：　　　　cm^2

3 正方形の紙が１枚増えると、赤い太線部分で囲まれた図形の面積は何 cm^2 増えますか。

【式】

答え：　　　　cm^2

4 正方形の紙が５枚のとき、赤い太線部分で囲まれた図形の面積は何 cm^2 ですか。

【式】

答え：　　　　cm^2

計算らん

答えは、別冊㉑ページ

練習 3

ご石を下の図のように正方形の形に並べます。次の問いに答えましょう。

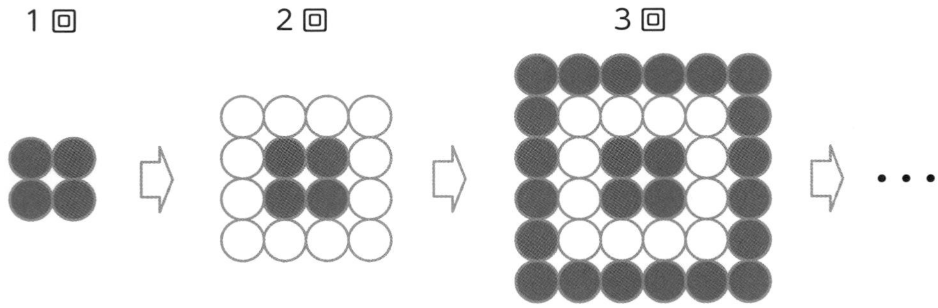

1 次の表を完成させましょう。

回数（回）	1	2	3	…
一番外側のご石の個数（個）	4	12		…

2 ご石を並べる回数が1回増えると、一番外側のご石の個数は何個増えますか。

【式】

答え：　　　　個

3 ご石を4回並べました。一番外側のご石の個数は何個ですか。

【式】

答え：　　　　個

4 ご石を何回並べると、一番外側のご石の個数が36個になりますか。**1**の表を参考にして求めましょう。

【式】

答え：　　　　回

計算らん

答えは、別冊㉑、㉒ページ

小5⑩ きまりを見つけて解く文章題

答えは、別冊㉒ページ

チャレンジ

長さ1cmの針金を並べて、図のように、縦に2段で、横一列に正方形を2個、4個、6個、…と、つないだ形を作ります。次の問いに答えましょう。

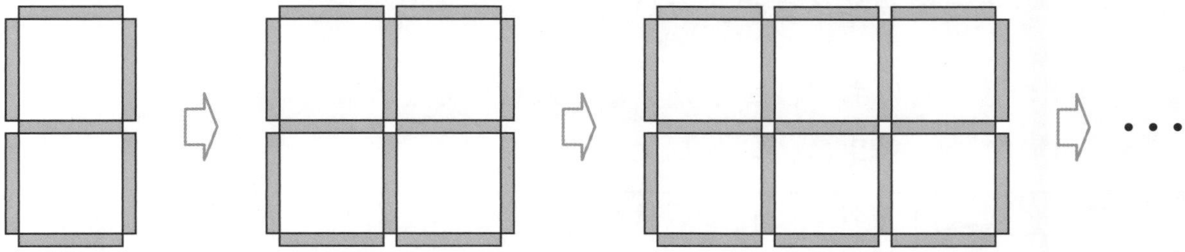

1 正方形を10個つないだとき、針金は全部で何本ですか。

【式と計算】

答え：

2 針金が全部で37本のとき、つないだ正方形の数は何個ですか。

【式と計算】

答え：

和や差に目をつけて表で解く文章題

つまずきをなくす説明

例題 1 計算ドリルを、太郎さんは毎日2ページずつ解き、今日までに12ページ終えました。次郎さんは明日から毎日5ページずつ解き始めます。次の問いに答えましょう。

計算らん

答えは、別冊㉒ページ

① 次の表の空らんにあてはまる数を書き入れましょう。

表の中の数は規則的に変化します。

	今日まで	1日後	2日後	3日後
太郎さん（ページ）	12	14	16	
次郎さん（ページ）	0	5	10	
2人の差（ページ）	12	9	6	

ココに着目！

② 2人の差 は1日あたり何ページずつ小さくなっていますか。

答え：　　　　ページ

③ 2人の解いたページ数が同じになるのは何日後ですか。
□にはあてはまる数や言葉を、○には×、÷のうちあてはまる記号を書きましょう。

【考え方・式】
2人の差は、今日までで12ページあるが、1日に解くページ数が 次郎 さんの方が 3 ページ多いので、

12 ÷ 3 ＝ □ → □ 日後に差が0になる

答え：　　　　日後

ヒント

③ 2人の差が0になると、解いたページ数が等しくなります。

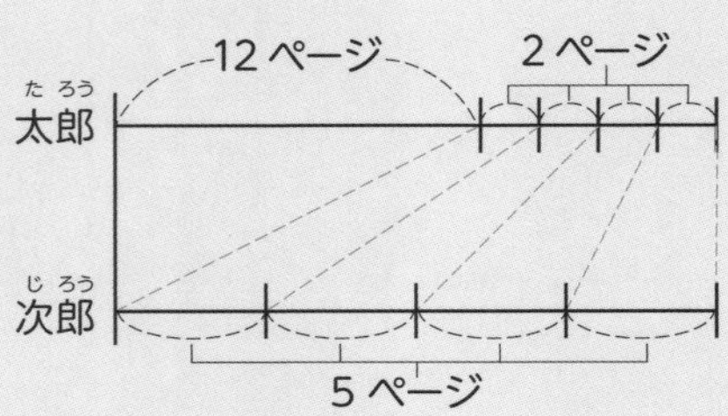

例題 2

花子さんと葉子さんが200mはなれて向かい合っています。1秒間に花子さんは1.5m、葉子さんは1m進みます。2人が同時に進み始めたとき、次の問いに答えましょう。

❶ 花子さんと葉子さんの間の道のりを表にまとめましょう。

時間（秒後）	0	1	2	3	4
花子さんが進む道のり(m)	0	1.5	3	4.5	
葉子さんが進む道のり(m)	0	1	2	3	
2人の間の道のり（m）	200	197.5	195	192.5	

↑ ココに着目！

❷ 2人の間の道のり は、1秒あたり何m小さくなっていますか。

答え：　　　　m

❸ 2人が出会うのは何秒後ですか。□にはあてはまる数を、○には×、÷のうちあてはまる記号を書きましょう。

【考え方・式】

2人の差ははじめ200mあるが、1秒ごとに 2.5 m小さくなっていくので、

200 ÷ 2.5 ＝ □ → □ 秒後に差が0になる

答え：　　　　秒後

計算らん

答えは、別冊㉒ページ

ヒント

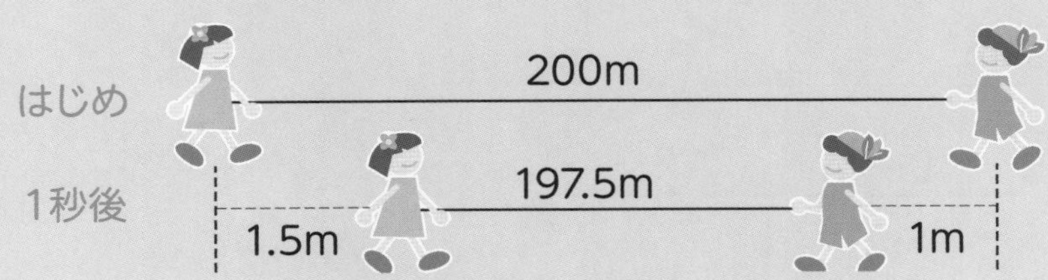

例題 3

花子さんは葉子さんの20m後ろにいます。1秒間に花子さんは1.5m、葉子さんは1m進みます。2人が同時に前に向かって進み始めたとき、次の問いに答えましょう。

計算らん

答えは、別冊㉒ページ

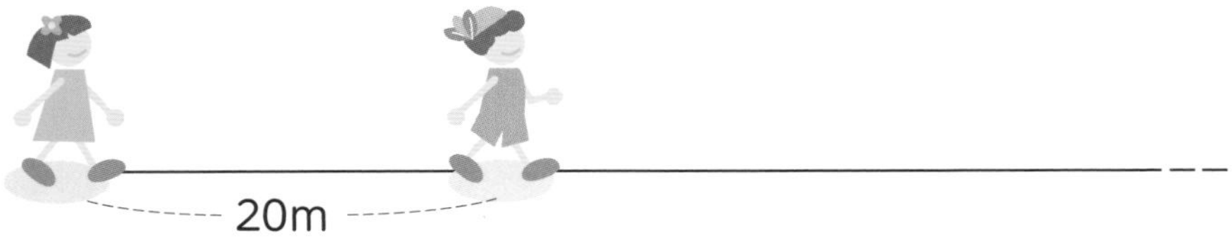

1 花子さんと葉子さんの間の道のりを表にまとめましょう。

時間（秒後）	0	1	2	3	4
花子さんが進む道のり(m)	0	1.5	3	4.5	
葉子さんが進む道のり(m)	0	1	2	3	
2人の間の道のり（m）	20	19.5	19	18.5	

ココに着目！

2 2人の間の道のり は、1秒あたり何m小さくなっていますか。

答え：　　　　m

3 花子さんが葉子さんに追いつくのは何秒後ですか。
□にはあてはまる数を、○には×、÷のうちあてはまる記号を書きましょう。

【考え方・式】

2人の差ははじめ20mあるが、1秒ごとに 0.5 m小さくなっていくので、

20 ÷ 0.5 ＝ □ → □ 秒後に差が0になる

答え：　　　　秒後

ヒント

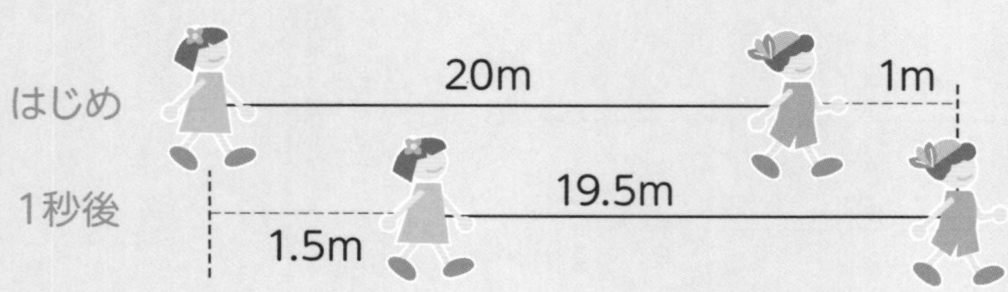

例題 4

現在、太郎さんの貯金は 500 円、次郎さんの貯金は 300 円です。明日から毎日、太郎さんは 50 円、次郎さんは 30 円ずつ貯金をして、2 人で母の日に 2000 円の品物をプレゼントします。次の問いに答えましょう。

計算らん

答えは、別冊㉓ページ

1 2 人の貯金額を表にまとめましょう。

日数（日後）	現在	1	2	3	4
太郎さん（円）	500	550	600		
次郎さん（円）	300	330	360		
ア（円）	800	880	960		

2 表の中のアにあてはまるものを、次の中から選び、あ～えの記号で答えましょう。

あ．2 人の貯金額の和　　い．2 人の貯金額の差
う．2 人の貯金額の積　　え．2 人の貯金額の商

答え：

3 2 人の貯金額の和は、1 日あたり何円増えていますか。

答え：　　　　円

4 2 人の貯金額の和が 2000 円になるのは何日後ですか。

プレゼントを買うために必要な残りのお金は、

2000 － 800 ＝ □ なので

1200 ÷ 80 ＝ □ （日後）

答え：　　　　日後

ヒント

日数（日後）	現在	1	2	…	?
太郎さん（円）	500	550	600	…	
次郎さん（円）	300	330	360	…	
2 人の和（円）	800	880	960	…	2000

貯金額をあと 1200 円増やす。

小5⑪ 和や差に目をつけて表で解く文章題

練習 1

漢字ドリルを、花子さんは毎日１ページずつ解き、今日までに10ページ終えました。葉子さんは明日から毎日３ページずつ解き始めます。次の問いに答えましょう。

計算らん

答えは、別冊㉓ページ

1 次の表の空らんにあてはまる数を書き入れましょう。

	今日まで	１日後	２日後	３日後
花子さん（ページ）	10	11		
葉子さん（ページ）	0	3		
２人の差（ページ）	10	8		

2 ２人の差は１日あたり何ページずつ小さくなっていますか。

答え：　　　　ページ

3 ２人の解いたページ数が同じになるのは何日後ですか。

【式】

答え：　　　　日後

練習 2

熟語ドリルを、太郎さんは毎日１ページずつ解き、今日までに14ページ終えました。次郎さんは明日から毎日３ページずつ解き始めます。２人の解いたページ数が同じになるのは何日後ですか。

【式】

答え：　　　　日後

練習 3

太郎さんと次郎さんが 120m はなれて向かい合っています。1 秒間に太郎さんは 2m、次郎さんは 1m 進みます。2 人が同時に進み始めたとき、次の問いに答えましょう。

計算らん

答えは、別冊㉓ページ

1 太郎さんと次郎さんの間の道のりを表にまとめましょう。

時間（秒後）	0	1	2	3	4
太郎さんが進む道のり（m）	0	2			
次郎さんが進む道のり（m）	0	1			
2 人の間の道のり（m）	120	117			

2 2 人の間の道のりは、1 秒あたり何 m 小さくなっていますか。

答え：　　　　m

3 2 人が出会うのは何秒後ですか。

【式】

答え：　　　　秒後

練習 4

花子さんと葉子さんが 450m はなれて向かい合っています。花子さんは自転車に乗って 1 秒間に 5m 進み、葉子さんは 4m 進みます。2 人が同時に進み始めたとき、花子さんと葉子さんがすれちがうのは何秒後ですか。

【式】

答え：　　　　秒後

練習 5

太郎さんと次郎さんが並んで立っています。今から太郎さんは１秒間に１m 前に進みます。次郎さんは太郎さんが進み始めてから１０秒後に同じ向きに、１秒間に３m 進みます。次の問いに答えましょう。

計算らん

答えは、別冊㉓ページ

1 太郎さんは１０秒間に何 m 進みますか。

【式】

答え：　　　　　m

2 次郎さんが進み始めてからを表にまとめましょう。

時間（秒後）	0	1	2	3	4
太郎さんが進む道のり（m）	10	11	12		
次郎さんが進む道のり（m）	0	3	6		
２人の間の道のり（m）	10	8	6		

3 次郎さんが太郎さんに追いつくのは何秒後ですか。

【式】

答え：　　　　　秒後

練習 6

花子さんは葉子さんの１００m 後ろにいます。花子さんは自転車に乗って１秒間に５m 進み、葉子さんは１秒間に１m 歩きます。２人が同時に同じ向きに進み始めたとき、花子さんが葉子さんに追いつくのは何秒後ですか。

【式】

答え：　　　　　秒後

小5⑪ 和や差に目をつけて表で解く文章題

答えは、別冊㉔ページ

チャレンジ1

タメルさんは貯金がなく、明日から毎日 100 円貯金をします。ムダオさんは 2000 円の貯金がありますが、明日から毎日 200 円を使います。タメルさんの貯金額がムダオさんの貯金額より初めて多くなるのは、何日後ですか。

【式と計算】

答え：

チャレンジ2

ハヤオさんはオクレさんの 20m 前にいます。ハヤオさんは 1 秒間に 6m 走り、オクレさんは 1 秒間に 1m 歩きます。2 人が同時に同じ向きに進み始めたとき、ハヤオさんがオクレさんの 100m 前になるのは何秒後ですか。

【式と計算】

答え：

コラム5

「にせ物はどれだ？」～1回だけ量って見つけよう～

現在、日本で使われているこう貨には、主に1円こう貨、5円こう貨、10円こう貨、50円こう貨、100円こう貨、500円こう貨の6種類があります。

こう貨はそれぞれ、大きさや重さ、使われている材料、デザインがきちんと決められていて、大阪市やさいたま市、広島市にある造へい局で作られています。大きさや重さは、1円こう貨は直径20mm、重さ1.0gですし、500円こう貨は、直径26.5mm、重さ7.0gです。

また、こう貨もお札と同様に「にせ物対策」がほどこされています。

【500円こう貨のにせ物対策の一部】

「500円」がかくれている
「ギザ」がななめになっている

このような加工をほどこすには、非常に高い技術が必要です。

ですから、高度な技術のなかった昔は「にせ金貨問題」なども、しばしばあったようです。

とある王国でも、にせ金貨のことで頭をなやませている人たちがいるようです。

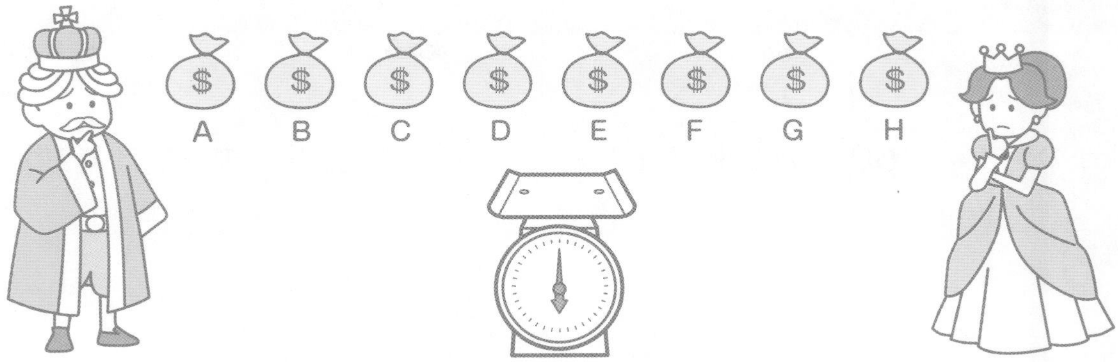

王　様：金貨をぬすんだ悪者たちをつかまえたところまではよかったのだが、まさかにせ金貨と取りかえようとしていたとは……。

王ひ様：AからHのどれか1つのふくろだけがにせ物だとはわかっているのに、どのふくろなのかしら？

王　様：1枚の重さは、本物の金貨が100g、にせ物の金貨が99gらしいが、はかりが古いので、あと1度使ったらこわれてしまいそうだから、何度も量り直すことはできんし……。

「おまかせください！」

王　様：君はだれだね？

少　年：未来の国から旅をしてきた、通りすがりのものです。

王　様：未来から……。それでよい方法を知っているのかね？

少　年：Aのふくろから1枚、Bのふくろから2枚、Cのふくろから3枚、……のように、1枚ずつ枚数を増やして金貨を取り出すんです。

王ひ様：取り出してどうするの？

少　年：まとめてはかりの上にのせてください。

王　様：1回使ったら終わりだというのに、いっしょくたにしてもだいじょうぶかな……。3594gあるぞ。

少　年：3594gですね。では、Fのふくろがにせ物です。それでは、先を急ぎますので、さようなら。

王　様：なぜFのふくろがにせ物なのかを教えてくれ。あ〜、行ってしまった。

みなさんが少年に代わって、王様たちに理由を教えてあげてくださいね。

答えは124ページ

小5⑫

5年生のまとめ 基本

答えは、別冊㉔～㉖ページ

1 1kgの値段が360円のお米があります。このお米0.8kgの値段は何円ですか。

【式と計算】

答え：

2 1Lで$2.4m^2$のかべをぬることができるペンキがあります。このペンキ1.2Lでぬることができるかべの面積は何m^2ですか。

【式と計算】

答え：

3 0.3mの重さが12gの針金があります。この針金1mの重さは何gですか。

【式と計算】

答え：

4 4.8m の木の棒を、0.8m ずつに切ります。何本に切り分けられますか。

【式と計算】

答え：

5 1.2L が 1.4kg のジュースがあります。このジュース 1L の重さは何 kg ですか。答えは四捨五入して、上から 2 けたのがい数で求めましょう。

【式と計算】

答え：

6 4.5kg の砂糖を、1 人に 0.6kg ずつ配ります。何人に配ることができて、何 kg 余りますか。

【式と計算】

答え：

7 縦（たて）6cm、横4cmの長方形を同じ向きにすきまなくしきつめて、正方形を作ります。一番小さい正方形の１辺の長さは何cmですか。

【式と計算】

答え：

8 縦（たて）36cm、横24cmの長方形の紙を余（あま）りなく、同じ大きさの正方形に切ります。一番大きい正方形の１辺の長さは何cmですか。

【式と計算】

答え：

9 A駅の駅前から、B団地（だんち）行きのバスが12分ごとに、C市役所行きのバスが20分ごとに出発しています。午前8時ちょうどに２つのバスが同時に出発しました。次に同時に出発する時刻（じこく）を求めましょう。

【式と計算】

答え：

10 クッキー54枚、キャンディー42個を余りなく分けます。それぞれ同じ数ずつ、できるだけ多くの人に分けると、何人に分けることができますか。

【式と計算】

答え：

11 食塩が、ビンAに$\frac{2}{5}$kg、ビンBに$\frac{1}{3}$kg入っています。合わせて何kgありますか。

【式と計算】

答え：

12 棒アの長さは$\frac{7}{9}$m、棒イの長さは$\frac{5}{6}$mです。どちらが何m長いですか。

【式と計算】

答え：

13 太郎（たろう）さんの家からおばあさんの家まで、電車を利用すると $\frac{5}{6}$ 時間かかり、自動車を利用すると $\frac{3}{5}$ 時間かかります。どちらを利用する方が何分早く着きますか。

【式と計算】

答え：

14 花子さんの家から公園まで、歩くと $2\frac{1}{4}$ 分、走ると $\frac{11}{12}$ 分かかります。走ると歩くより何分何秒早く着きますか。

【式と計算】

答え：

15 ビンに砂糖（さとう）が $\frac{1}{4}$ kg 入っています。お父さんがコーヒーを飲むのに 5g を使い、太郎（たろう）さんと友達が紅茶（こうちゃ）を飲むのに $\frac{1}{25}$ kg 使いました。残っている砂糖（さとう）は何 kg ですか。分数で答えましょう。

【式と計算】

答え：

16 花子さんの学力テストの結果は、国語 84 点、算数 80 点、理科 92 点、社会 76 点でした。4 科目の平均点(へいきんてん)は何点ですか。

【式と計算】

答え：

17 あるかし店では、1 日あたり平均(へいきん) 24 個(こ)のいちご大福が売れます。毎日このように売れたとすると、30 日間で何個(なんこ)のいちご大福が売れますか。

【式と計算】

答え：

18 おはじきを、春子さんは 12 個(こ)、夏子さんは 18 個(こ)、秋子さんは 16 個(こ)持っていて、冬子さんもふくめた 4 人の平均(へいきん)は 17 個(こ)です。冬子さんが持っているおはじきは何個(なんこ)ですか。

【式と計算】

答え：

19 金峰山(きんぷさん)は 2599m、浅間山(あさまやま)は 2568m、白根山(しらねさん)は 2578m、鉢ヶ岳(はちがたけ)は 2563m、国師ヶ岳(こくしがたけ)は 2592m です。この 5 つの山の高さの平均(へいきん)を、仮平均(かりへいきん)を使って求めましょう。

【式と計算】

答え：

20 平成 30 年度の東京都の人口は 13754043 人、面積は 2194km^2 でした。人口密度(みつど)を四捨五入(ししゃごにゅう)して、上から 2 けたのがい数で求めましょう。

【式と計算】

答え：

21 面積 900m^2 のプール A に 60 人が入っています。面積 1200m^2 のプール B もプール A の混(こ)み具合と同じです。プール B に入っている人は何人ですか。

【式と計算】

答え：

22 次の表は、ある鉄板の大きさと重さの関係を表しています。アにあてはまる数を求めましょう。

鉄板の大きさ（cm^2）	10	20	ア	□
鉄板の重さ（g）	78	156	390	○

【式と計算】

答え：

23 上の表で、鉄板の大きさを□ cm^2、重さを○ g とするとき、□と○の関係をわり算の式で表しましょう。

【式と計算】

答え：　　÷　　＝

24 ある自動はん売機で飲み物が 80 本売れました。そのうちの 80%がコーヒーです。売れたコーヒーは何本ですか。

【式と計算】

答え：

25 ある鉄道の１日あたりの利用者のうち、男の人の人数は294000人で、これは利用者全体の70%にあたります。この鉄道の１日あたりの利用者は何人ですか。

【式と計算】

答え：

26 ある文具店では１本200円のボールペンを15%引きで売っています。売っている値段(ねだん)は200円の何%にあたりますか。またそれは何円ですか。

【式と計算】

答え：

27 花子さんの家から駅までは、分速60mの速さで歩くと10分かかります。8分で行くためには、分速何mの速さで歩けばよいですか。

【式と計算】

答え：

5年生のまとめ チャレンジ

答えは、別冊㉖～㉘ページ

1 長さ 2cm の竹ひごを下の図のように使って、正三角形を作ります。次の問いに答えましょう。

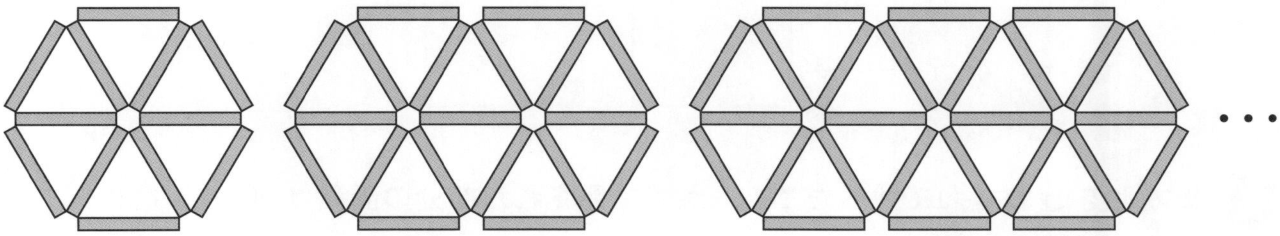

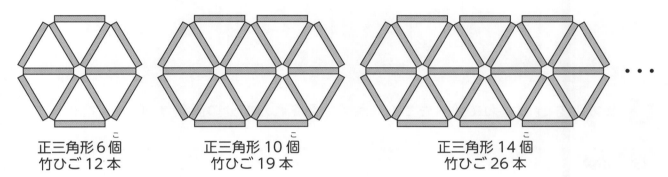

正三角形6個
竹ひご12本

正三角形10個
竹ひご19本

正三角形14個
竹ひご26本

① 竹ひごを 40 本使うと、正三角形を何個作れますか。

【式と計算】

答え：

② 正三角形を 50 個作りました。使った竹ひごは何本でしょう。

【式と計算】

答え：

2 長さ 6cm の正方形の紙を下の図のように重ねて並べます。正方形の枚数と太線で囲まれた部分の面積について、次の問いに答えましょう。

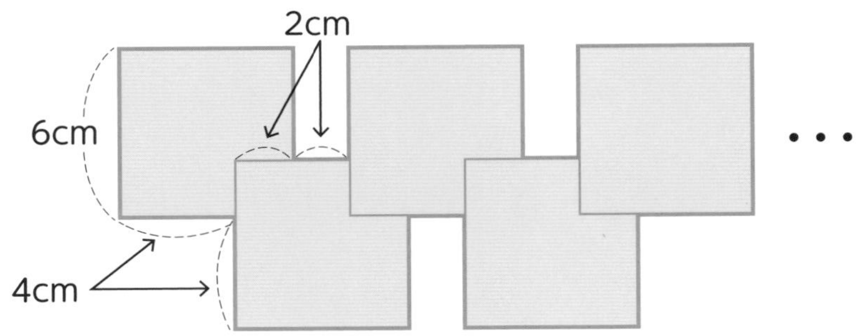

1 正方形を 5 枚重ねて並べたとき、太線で囲まれた部分の面積は何 cm^2 ですか。

【式と計算】

答え：

2 正方形を 10 枚重ねて並べたとき、太線で囲まれた部分の面積は何 cm^2 ですか。

【式と計算】

答え：

3 ご石を下の図のように並べます。次の問いに答えましょう。

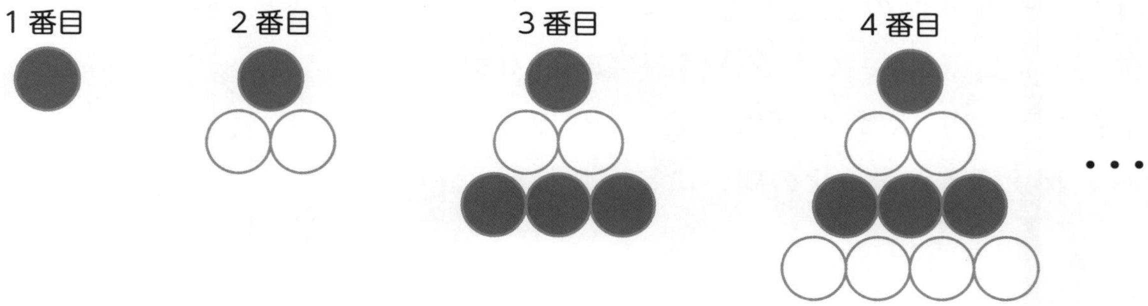

1 5番目のご石の個数は全部で何個ですか。

【式と計算】

答え：

2 黒いご石の数が白いご石の数よりも5個多くなるのは何番目ですか。

【考え方】

答え：

4 太郎さんと次郎さんが並べたご石を１まわりずつ交たいで取っていきます。右の図のように、一番外側の１辺が６個になるように並べると、太郎さんが20個、次郎さんが12個、太郎さんが４個取って、すべてのご石を取り終えます。次の問いに答えましょう。

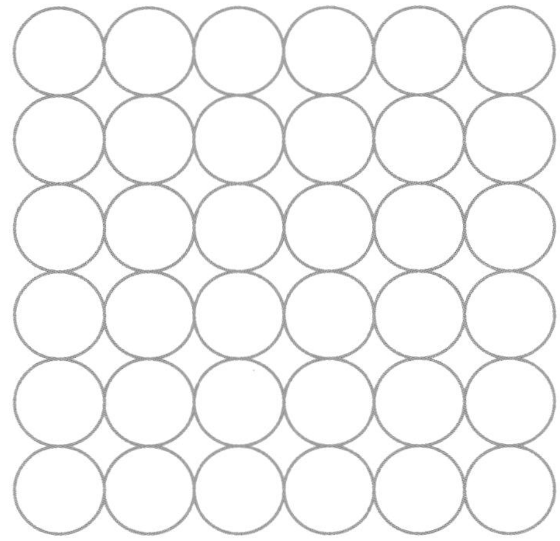

1 一番外側の１辺が７個になるように、ご石を並べました。太郎さん、次郎さんの順にご石を取ると、太郎さんは１回目に何個のご石を取りますか。

【式と計算】

答え：

2 1の後、続けてご石を交ごに取り、ご石をすべて取り終えました。太郎さんが取ったご石は1も合わせると、次郎さんより何個多いですか。

【式と計算】

答え：

5 ある本を、花子さんは7月1日から毎日15ページずつ、葉子さんは7月5日から毎日20ページずつ読むと、同じ日に読み終わるといいます。下の表を利用して、次の問いに答えましょう。

	7/1	7/2	7/3	7/4	7/5	7/6	7/7
花子さん（ページ）	15	30					
葉子さん（ページ）	0	0					
2人の差（ページ）	15	30					

1 この本を読み終えるのは7月何日ですか。

【式と計算】

答え：

2 この本のページ数は何ページですか。

【式と計算】

答え：

6 駅と公園を結ぶ、長さ2500mの道路があります。この道路を、太郎(たろう)さんは駅から公園に向かって毎分60mの速さで午後3時5分に、次郎(じろう)さんは公園から駅に向かって毎分50mの速さで午後3時10分に歩き始めました。下の表を利用して、次の問いに答えましょう。

	3時5分	3時6分	3時7分	3時8分	3時9分	3時10分	3時11分
太郎(たろう)さん（m）	0	60	120	180			
次郎(じろう)さん（m）	0	0	0	0			
2人の間の道のり（m）	2500	2440	2380	2320			

1 午後3時11分に2人の間の道のりは何mになりますか。

【式や考え方】

答え：

2 2人が出会う時刻(じこく)は午後3時何分ですか。

【式と計算】

答え：

7 現在、太郎さんのお父さんは35さい、太郎さんは10さいです。次の問いに答えましょう。

1 下の表の空らんにあてはまる数を書きましょう。

	現在	1年後	2年後	3年後	4年後	5年後
お父さん（さい）	35	36	37			
太郎さん（さい）	10	11	12			
太郎さんの年れいの2倍（さい）	20	22	24			
お父さんと太郎さんの年れいの2倍との差（さい）	15	14	13			

2 太郎さんのお父さんの年れいが太郎さんの年れいの2倍と等しくなるのは、今から何年後ですか。

【式と計算】

答え：

3 太郎さんのお父さんの年れいが太郎さんの年れいの6倍と等しかったのは、今から何年前ですか。

【考え方】

答え：

コラムの答え

コラム①

1 ＋ 2 × 3 ＋ 4 × 5 − 6 ＋ 7 ＋ 8 × 9＝100
1 ＋ 2 × 3 × 4 × 5 ÷ 6 ＋ 7 ＋ 8 × 9＝100
1 × 2 × 3 ＋ 4 ＋ 5 ＋ 6 ＋ 7 ＋ 8 × 9＝100
1 × 2 × 3 × 4 ＋ 5 ＋ 6 ＋ 7 × 8 ＋ 9＝100
1 × 2 × 3 × 4 ＋ 5 ＋ 6 − 7 ＋ 8 × 9＝100

コラム②

（なぞなぞの答え）人間

解答例 (13 − 6) ÷ (2 − 1) ＝ 7
1 ＋ 3 ＋ 5 ＋ 7 ＋ 9 ＋ 11 ＋ 13 ＋ 13 ＝ 62　（答え）62さい

コラム③

解答例 (1 ＋ 9) × 9 ÷ 2 ＝ 45　（答え）45俵(ひょう)

コラム④

解答例 120 ÷ 150 ＝ 0.8　20 × 0.8 ＝ 16　（答え）17人以上

コラム⑤

全部で36枚(まい)の金貨の重さを量りますから、もしすべてが本物だと3600gになります。しかし、実際(じっさい)には3594gしかなかったので、6g軽くなっています。にせ物は1枚(まい)あたりの重さが本物よりも1g軽いので、6枚(まい)のにせ物が交じっていることがわかります。ですから、にせ物の入っているふくろは、6枚(まい)取り出したFのふくろです。

西村則康（にしむら　のりやす）
名門指導会代表　塾ソムリエ
教育・学習指導に40年以上の経験を持つ。現在は難関私立中学・高校受験のカリスマ家庭教師であり、プロ家庭教師集団である名門指導会を主宰。「鉛筆の持ち方で成績が上がる」「勉強は勉強部屋でなくリビングで」「リビングはいつも適度に散らかしておけ」などユニークな教育法を書籍・テレビ・ラジオなどで発信中。フジテレビをはじめ、テレビ出演多数。
著書に、「つまずきをなくす算数・計算」シリーズ（全７冊）、「つまずきをなくす算数・図形」シリーズ（全３冊）、「つまずきをなくす算数・文章題」シリーズ（全６冊）、「つまずきをなくす算数・全分野基礎からていねいに」シリーズ（全２冊）のほか、『自分から勉強する子の育て方』『勉強ができる子になる「１日10分」家庭の習慣』『中学受験の常識 ウソ？ホント？』（以上、実務教育出版）などがある。

追加問題や楽しい算数情報をお知らせする『西村則康算数くらぶ』のご案内はこちら ➡

執筆協力／前田昌宏、辻義夫（中学受験情報局　主任相談員）、高野健一（名門指導会算数科主任）

装丁／西垂水敦（krran）
本文デザイン・DTP／新田由起子（ムーブ）・草水美鶴
本文イラスト／撫子凛
制作協力／加藤彩

つまずきをなくす
小５　算数　文章題　【改訂版】

2020年11月10日　初版第１刷発行
2024年２月10日　初版第２刷発行

著　者　西村則康
発行者　淺井　亨
発行所　株式会社 実務教育出版
〒163-8671　東京都新宿区新宿1-1-12
電話　03-3355-1812（編集）　03-3355-1951（販売）
振替　00160-0-78270

印刷／精興社　　製本／東京美術紙工

ISBN978-4-7889-1980-8　C6041　Printed in Japan

多くの子どもがつまずいている箇所を網羅！

カリスマ講師が完全執筆
書きこみながらマスターできる！

好評発売中！

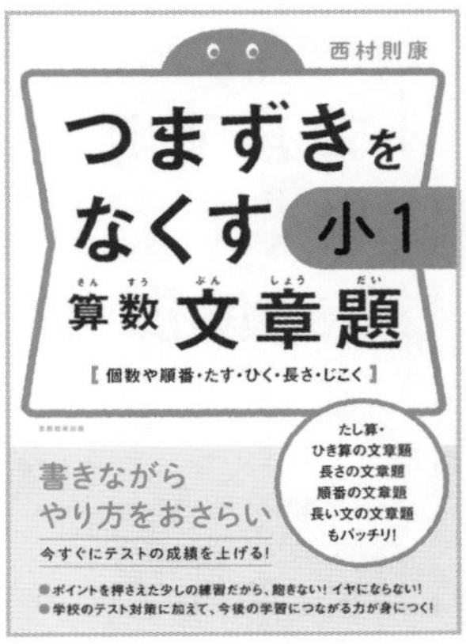

つまずきをなくす
小１　算数　文章題
【個数や順番・たす・ひく・長さ・じこく】

つまずきをなくす
小２　算数　文章題
【和・差・九九・長さや体積・時こく】

つまずきをなくす
小３　算数　文章題
改訂版
【テープ図と線分図・□を使った式・棒グラフ】

つまずきをなくす
小４　算数　文章題
改訂版
【わり算・線分図・小数や分数・計算のきまり】

つまずきをなくす
小５　算数　文章題
改訂版
【単位量と百分率・規則性・和と差の利用】

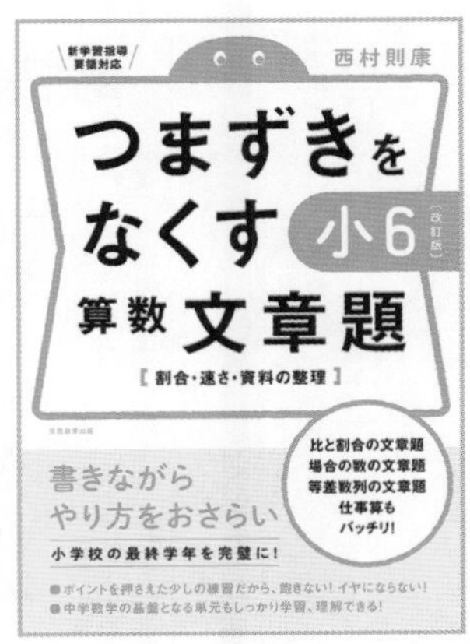

つまずきをなくす
小６　算数　文章題
改訂版
【割合・速さ・資料の整理】

実務教育出版の本

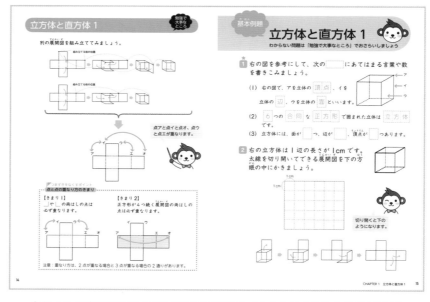